室内软装设计（新一版）

吴卫光 主编　乔国玲 编著

上海人民美術出版社

图书在版编目（CIP）数据

室内软装设计 / 乔国玲编著. --新1版. --上海：上海人民美术出版社，2020.6（2023.2重印）
ISBN 978-7-5586-1670-9

Ⅰ.①室… Ⅱ.①乔… Ⅲ.①室内装饰设计 Ⅳ.①TU238.2

中国版本图书馆CIP数据核字（2020）第081497号

室内软装设计（新一版）

主　　编: 吴卫光
编　　著: 乔国玲
统　　筹: 姚宏翔
责任编辑: 丁　雯
流程编辑: 孙　铭
封面设计: 徐晓莉
版式设计: 徐晓莉
技术编辑: 史　湧
出版发行: 上海人民美術出版社
（地址：上海市闵行区号景路159弄A座7F　邮编：201101）
印　　刷: 上海丽佳制版印刷有限公司
开　　本: 889×1194　1/16　9.5印张
版　　次: 2020年8月第1版
印　　次: 2023年2月第3次
书　　号: ISBN 978-7-5586-1670-9
定　　价: 78.00元

序言

培养具有创新能力的应用型设计人才，是目前我国高等院校设计学科下属各专业人才培养的基本目标。一方面，这个基本目标，是由设计学的学科性质所决定的。设计学是一门综合性的学科，兼有人文学科、社会科学与自然科学的特点，涉及精神与物质两个方面的考虑。从“设计”这个词的语源来看，创新与应用是其题中应有之义。尤其在高科技和互联网已经深入到我们生活中每一个细节的今天，设计再也不是“纸上谈兵”，一切设计活动都与创造直接或间接的经济利益和物质财富紧密相关。另一方面，这个目标，也是新世纪以来高等设计专业教育所形成的一种新型的人才培养模式。在从“中国制造”向“中国创造”转型的今天，早已在全国各地高等院校生根开花的设计专业教育，已经做好了培养创新型人才的准备。

本套教材的编写，正是以培养创新型的应用人才为指导思想。

鉴此，本套教材极为强调对设计原理的系统解释。我们既重视对当今成功设计案例的批评与分析，更注重对设计史的研究，对以往的历史经验进行总结概括，在此基础上提炼出设计自身所具有的基本原则和规律，揭示具有普遍性、系统性和对设计实践具有切实指导意义的设计原理。其实，这已经是设计专业教育的共识了。本套教材希望将设计的基本原理、系统方法融汇到课程教学的各个环节，在此基础上，以原理解释来开发学生的设计思维，并且指导和检验学生在课程教学中所进行的一系列设计练习。

设计的历史表明，推动设计发展的动力，通常来自社会生活的需求和科学技术的进步，设计的创新建立在这两个起点之上。本套教材的另一个特点，便是引导学生认识到设计是对生活问题的解决，学会利用新的科学技术手段来解决社会生活中的问题。本套教材，希望培养起学生对生活的敏感意识，对生活的关注与研究兴趣，对新的科学技术的学习热情，对精神与物质两方面进行综合思考的自觉，最终真正将创新与应用落到实处。

本套教材的编写者，都是全国各高等设计院校长期从事设计专业的一线教师，我们在上述教学思想上达成共识，共同努力，力求形成一套较为完善的设计教学体系。

吴卫光

于 2016 年教师节

目录 Contents

Chapter 1
软装设计理论基础

室内软装设计是一种新兴的设计门类，作为一门学科在中国出现的时间也不过仅仅十几年。它在中国的设立和成长主要受室内设计的深入和房地产市场上大量精装房出现的影响，以及随着生活水平的提高，人们开始对室内软装有了精神方面的追求。

学习目标

本章重点了解室内软装设计的概念、内容和含义，了解其所指的学科体系以及在室内设计体系中的作用与意义。

学习重点

了解室内软装设计所具有的内涵意义和作为软装设计师的职责范围，重点了解软装设计的策略与设计思路。

“人，诗意地栖居在大地上”——哲学家海德格尔之所以格外喜欢荷尔德林的这句诗，是因其道出了生命的深邃与优雅以及对精神生活的追求。我国的室内环境从 20 世纪 80 年代末开始普遍有设计的概念，到现在已进入了一个新的阶段。很多设计师在认真地装饰着我们的室内环境时，把人的诗意居住忘记了，无意中制造着要人适应的行为规范，这个规范就是当时从国外传来的装修样板。20 世纪 90 年代的人以住在宾馆式的家里为荣，特别是房地产商提出的“给你一个五星级的家”的口号，使人们感觉似乎最舒服的家就是五星级的宾馆。而随着我们生活个性意识的逐渐觉醒，发现生活，特别是适合东方人的生活方式已被西方式的设计样式扭曲时，就开始渴望自身价值的回归，开始寻求利用软装设计去构筑“自身文明化和个性鲜明”的生活方式。室内软装设计作为室内设计的重要设计深入部分，近年来大家越来越认识到其重要性，所以说室内软装设计在我国被提出首先是因为人们生活水平不断地提高，开始注重对精神生活的追求。

❶ 笔者设计的带有装饰花纹的室内软装

其次，我国很多城市精装修房的出现也催化了软装艺术产业，伴随国家对精装修房的要求和扶持政策的不断深入以及精装修房的更加推广普及，没有装修只有软装已经成为一种趋势。在毛坯房时期，设计师做装修设计或者说是装修和配饰的全套服务。而在精装修房来临时，空间装修这一块已被省去，软装的作用日益凸显，消费者可以把更多的精力放在软装设计上。从设计师方面来看，毛坯房装修越来越少，设计师的工作重心也逐渐向软装艺术配套设计服务靠拢。在精装修房的推广发展下，“重装饰、轻装修”的趋势已十分明显，消费者越来越重视软装设计的生活空间。客户的要求在提高，除了简单的居室设计外，还需要设计师对后期的软装艺术进行整体规划，这也给设计师们提出了新的课题（图 1）。

当然，追求时尚是在追求一种生活方式。人们关注生活，因而关注时尚。流行风尚最大的意义在于对人们生活方式的倡导和影响。对于追求生活品质、讲究个性的消费者而言，了解时尚艺术流行趋势是很有意义的，我们可以通过更换家居软装布置，营造出符合时令与潮流的个性化生活空间，而软装的经济、方便、快捷、易于更换性使家居风格易于变化，更可随时符合人的心情和节令的变化。从设计的角度讲，现在的家庭空间软装设计也将从华而不实、缺乏实用性、一味追求观感和气派的形式主义向追求简捷、舒适、个性化、人性化的实用主义方向发展。同时，现在市场上涌现了大量的软装装饰品，我们可选择的余地也越来越宽泛了（图 2）。

软装设计是随着室内设计的发展而发展起来的一种设计方向，它是室内环境的组成部分，软装饰品的选配更是室内设计的重要环节，无论我们着手哪一种室内设计，都应该考虑室内软装设计，只有这样才能创造出完美的、丰富多彩的室内空间环境。

❷ 软装饰品的多样性

2

一、软装设计的概念

1. 何为“软装艺术”与软装历史概述

● 何为“软装艺术”

室内设计作为一个行业出现于 1877 年由美国家庭妇女自发组织成“协会”讨论房间如何才能布置得美一点，从而开创了室内软装艺术的先河。1930 年美国正式成立室内设计学科，到 1956 年我国在中央工艺美术学院成立室内装饰系，可以说，早期的室内设计实际就是室内软装艺术。所谓“软装艺术”，有两层具体的含义：首先，软装的“软”是相对其他硬质材料而言的。在一般的室内空间设计中，人们注重的往往只是室内空间的硬装饰部分，如空间的结构、格局的划分，天花、地面、墙体的装饰等等，选用的材料多为花岗岩、大理石、瓷砖、玻璃、金属等硬质的材料。而对家具和灯具、窗帘等配套装饰的选择却被放在了可有可无的位置，更谈不上实施系统的室内配套设计了。“软装艺术”的另一层含义也是至关重要的，它是指室内软装饰品与人之间建立的一种“物人对话”的关系。实际上，因为软装饰品所具有的独特的材质、形状和花色，天生就具备了较硬装饰更容易与人产生“对话”的条件。这些条件通过人的视觉、触觉等生理和心理的感受而存在并体现其价值。如：触觉的柔软感使人感到亲近和舒适；造型线的曲直能给人以优美或刚直感；形的大小疏密可造成不同的视觉空间感；色彩的冷暖明暗和色调作用于人的视觉器官，在产生色感的同时也必然引起人的某种情感心理活动；不同的材质肌理产生不同的生理适应感；不同的花色取材可以使人产生一系列的联想，好像置身于多样的空间环境。充分利用软装饰品的这些“与人对话”的条件或因素，能营造出某种符合人们功利目的的室内环境氛围，这就是我们所要阐述的软装艺术——“室内软装饰”。在室内环境设计中，合理运用开发这种“软装饰”可以创造出温馨、惬意的居室环境和各种舒适宜人的情调空间（图 3）。

❸ 笔者设计的温馨、舒适的空间

室内设计从内容上讲主要有四个方面：空间设计、软装设计、色彩及材质设计、照明设计。其中，软装设计包含了大量的色彩及材质设计、照明设计以及空间设计的内容。软装设计可以说是室内设计后期的内容，它是在室内设计的整体创意下进一步深入具体的设计工作，是对室内设计创意的完善和深化。

室内软装设计在成功的室内环境设计中起着至关重要的作用，也是室内设计不可分割的组成部分，它们有许多共同点：都要解决室内空间形象设计，室内装修中的装饰，室内家具、织物、灯具、绿化等众多问题，以及设计、挑选、设置等问题，相悖处往往是在侧重面和研究的深度上，室内设计除了上述几个方面的知识要钻研外，还要进行室内物理环境研究，注重与建筑风格的紧密融合，以及室内空间设计的综合把握等等。而软装艺术设计往往是在室内设计的大体创意下，做进一步深入细致的具体设计工作，体现出文化层次，以获得增光添彩的艺术效果，相反，如果品味极差的软装，不仅达不到室内设计的理想效果，往往还会降低水准，显得低档、俗气。

因此室内软装艺术设计与室内设计是一种相辅相成的枝、叶与大树的关系，不可强制分开。其实也分不开，只要存在室内设计的环境，就会有室内软装艺术的内容，只是多与少，高与低的区别。只要是属于室内软装艺术设计门类，必然是处在室内设计的环境之中，只是在于与环境是否协调的问题。所以说软装设计是建筑视觉空间的延伸和发展，它是室内艺术设计发展的一个必然分支，与建筑装饰有着紧密的联系，是建筑和室内设计的艺术表现和表达的产物。

由此我们总结出室内软装设计的定义：在室内设计或使用过程中，设计者根据环境特点、功能需求、审美需求、使用对象需求、工艺特点等要素，利用室内可移动物品精心塑造出舒适、和谐、高艺术境界、高品位的理想环境，给人以美的享受和熏陶。

随着人类对精神意义的追求，为营造理想的室内环境，就必须处理好相应的软装设计。从满足使用者的需求心理出发，不同的政治、文化背景，不同社会地位的人，都有着不同的消费需求，也就有不同的理想的软装设计。在尊重建筑和空间功能布局的前提下，对不同的消费群做深入研究，才能创造出个性化的室内软装艺术。作为一个室内软装设计师要结合室内环境的总体风格，充分利用不同软装物所呈现出的不同性格特点和文化内涵，使单纯、枯燥、静态的室内空间变成丰富的、充满情趣的、具有良好人文传承的空间。这也是软装设计行业理念“生活艺术化、艺术生活化”的最好体现，如图 4。

❹ 艺术生活化的室内软装

● 软装历史概述

室内软装设计是一种装饰也是一种软装，在拉丁语中为“Decor”，意思是指“合适于某一个时代、某一地方或某一情景的特征”，或是指“得体和体面的特征”，也就是说是一种“必备的和方便生活的特征”。人类的祖先在很早以前就知道在自己居住的洞窟里用一种原始的材料刻画一些带有某种“魔法”、“仪式”的石崖画，借以装饰自己居住的环境，著名的西班牙的阿尔诺米拉石窟壁画和法国的拉斯科洞窟壁画等便是见证。在新石器时期，人类的祖先还学会制造带有生活及宗教性质的彩陶，并开始在石骨上雕刻各种纹饰，用于“方便生活”和居住环境的“摆设”，或用作某些权贵“得体和体面”的殉葬品等。从欧洲文艺复兴时期到 18 世纪中叶，艺术作品通常是整个室内环境中不可分割的部分。从 19 世纪中期，经过维多利亚时期直到上世纪末，无论是在富裕还是中产阶层的家庭中，软装设计的主要目的似乎就是为了在房间里装满各种各样的收藏品，如绘画、挂毯、手稿以及古旧家具，墙上贴着深色的图案丰富的墙纸，挂着各种装饰华丽的绘画或印刷品，桌上则摆满了雕塑和各种珍贵的物件。例如英国的维多利亚与艾尔伯特博物馆（V&A）就是专门展示“应用以及装饰艺术”主题的博物馆（图 5、图 10）。

在中国的软装艺术的发展过程中，早在奴隶社会的商代就已出现了成系列礼仪化的软装，它经历了自发到自觉的发展过程，使中国软装艺术表现具有高逸的品格和特色。中国汉代的装饰艺术由于升仙思想的弥漫，阴阳五行学说的盛行，构成了天、地、人三界和四面八方的宇宙模式，也相应地出现了系统的

小贴士

英国国立维多利亚与艾尔伯特博物馆（Victoria and Albert Museum, 简称：V&A 博物馆）http://www.vam.ac.uk
卢浮宫博物馆官网 http://www.louvre.fr/zh（附近的巴黎装饰艺术博物馆值得一去）
中国国家博物馆 http://www.chnmuseum.cn/tabid/40/Default.aspx
苏州博物馆 http://www.szmuseum.com/home/index.aspx
这几个博物馆中有大量关于装饰艺术方面的精品（图 5- 图 10）。

5

6

象征性的图饰。魏晋南北朝时期，随着儒家礼教的衰微，出现了专业的文人书画家，促进了书画艺术的个性化和表现技巧的提高，改变了先前的程式化的装饰作风，由于这个时期国力和文化的不断外延，幻化出意象万千的软装艺术。到了我国初唐时期，因为对外交流频繁，装饰艺术受到西亚和中亚文化的影响，装饰纹样中的动植物纹样的造型变得具体而写实。发展到盛唐时期，这一时期政治开明、经济繁荣，使其观赏性增强，这也与当时华丽丰艳的时尚有关。宋代是中国艺术的成熟期，也是软装艺术发展到了出神入化的境界的时期，宋代装饰的繁盛与反映文人士大夫审美意趣的软装艺术的发展分不开。所以说我国的软装艺术源远流长，始于东晋，兴于唐，盛于宋、明，内涵丰富，特色鲜明。

在清代李渔所著的《闲情偶寄·居室部》中已明确提出：“盖居室之制，贵精不贵丽，贵新奇大雅，不贵纤巧烂漫。凡人止好富丽者，非好富丽，因其不能

❺❿ 维多利亚与艾尔伯特博物馆

❻ 卢浮宫

❼ 巴黎装饰艺术博物馆

❽ 中国国家博物馆

❾ 苏州博物馆

❼ ❽

❾

❿

创异标新，舍富丽无所见长，只得以此塞责。”意思为高档的材料不一定能营造出高雅的环境，“创异标新”的意境要靠设计师的空间想象力、深厚的生活积累和艺术功力。我们的祖先创造性地通过诸如园林、庭院、天井、檐廊的构建，抑或依凭窗牖、门洞等构件的框景、借景处理以及环境中的琴棋书画、文玩清供、木雕石刻的图案纹样等的布置、品鉴或参与，力图在视觉、听觉、嗅觉和心理上与大自然和艺术融为一体，这说明我国的室内软装艺术内涵非常丰富、成熟，并且自成体系。

中国传统的室内软装重在表现空间的秩序性和连续关系，造型上含蓄隽永，烘托出内韵深厚的空间序列，例如在苏州博物馆中按《长物志》的说明来软装的明代书房（图 11）。而西方软装重在表现空间的立体感和比例关系，造型强烈夸张，强调了单元的空间个性，特别是法国宫廷艺术如巴洛克、洛可可的软装空间的造型十分夸张，每个空间的个性都非常强烈（图 12）。

现代的软装艺术发源于现代欧洲，是从装饰派艺术 ART DECRO 开始（图 13、图 14）。它兴起于 20 世纪 20 年代，随着历史的发展和社会的不断进步，经过 10 年的发展，于 20 世纪 30 年代形成了声势浩大的装饰艺术。装饰艺术主义图案主要呈几何形或由具象形式演化而成，所用材料丰富且以贵重的居多，除天然原料（如玉、银、象牙和水晶石等）外，也采用一些人造物质。其装饰的典型主题有裸女、动物（尤其是鹿、羊）、阳光，体现了自然的启迪以及对美洲印第安人、埃及人和早期古典主义艺术的借鉴。艺术装饰主义在第二次世界大战时已不再流行，但从 20 世纪 60 年代后期开始重新引起了人们的注意，并获得了复兴。在西方，软装艺术品一直作为建筑的有效使用和必要装饰条件来进行设计，而软装艺术设计专业则是近十几年在中国的室内设计界所提出的概念。

我们在“室内设计”专业中设置软装设计的课程，目的是为了了解其他艺术门类，明确艺术带领功能设计的趋向，同时学会如何鉴赏和选择各种各样的艺术品，进而研究艺术品和实用功能用品之间的和谐搭配关系，探讨这些软装艺术品怎样塑造出合适的室内环境风格和提升“住”的精神文化意义（图 15）。

⓫ 苏州博物馆中按《长物志》的说明来软装的明代书房

⓬ 法国宫廷艺术

⓭ 电影场景中的装饰派艺术

⓮ 电影场景中的装饰派艺术

⑮ 室内设计与软装的关系图

2. 软装设计是一种独特的文化形态

室内软装艺术设计的范围：室内软装艺术设计的类型相当复杂，根据使用性质可以大体划分为“住宅环境室内软装艺术设计”与“公共环境室内软装艺术设计”两类。住宅环境的对象是家庭的居住空间，无论是独户住宅、别墅，还是普通公寓都在这个范畴之中，由于家庭是社会的细胞，而家庭生活具有特殊性质和不同的需求，因而使住宅室内软装艺术设计成为一种专门性的领域。它的主要目的是根据居住者的住宅环境、空间大小、人数多少、经济条件、职业特征、身份地位、性格爱好等进行相适应的软装艺术设计，为家庭塑造出理想的温馨环境。而公共环境室内软装艺术设计，包括的内容极其广泛，除了住宅以外的所有建筑物的内部空间，如饭店共享空间、商业空间、娱乐空间、会议办公室空间等环境；甚至包括室外的公园、广场、游乐园等环境。各种空间环境形态不同，性质各异，必须给予充分的调查，深入理解和完美的技能形式，才能满足特殊性质的需求，创造独特的公共环境氛围。

室内软装艺术设计的目的：室内软装艺术设计包含物质建设和精神建设两个方面：①室内“物质建设”以自然的和人为的生活要素为基本内容，它以能使人体生理获得健康、安全、舒适、便利为主要目的。“物质建设”又必须兼顾“实用性”和“经济性”，并建立在人力、物力、财力的有效利用上。室内所有物资设备必须充分利用和避免浪费，要充分利用现有物质条件变废为宝，休息的空间设备必须注重劳力的节省和体力的恢复，根据投资能力做出符合实际的精密预算等等。②室内“精神建设”是室内软装艺术设计的重点，它是以精神品质和以视觉传递方式的生活内涵为基本领域。从原则上讲，室内精神建设必须充分发挥“艺术性”和“个性”两个方面：艺术性的追求是美化室内视觉环境的有效方法，是建立在装饰规律中形式原理和形式法则的基础上的。室内的造型、色彩、光线和材质等要素，必须在美学原理的制约下，求得愉悦感官和鼓舞精神、陶冶情操的美感效果。个性的塑造是表现室内性灵境界的理想选择，是完全建立在性格、特性、性情和学识教养等深度各异的因素之上的，只有通过室内形式反映出不同的情趣和格调，才能满足和表现个人和群体的特殊精神品质和心灵内涵。“艺术性”与“个性”经常共同创造温情空间，所以室内软装艺术设计必须经常通过美感和个性两个基本原则，使有限的空间发挥最大的艺术形式效应，发挥人类在生灵界中的独特才智，创造非凡的富于情感的室内生活环境。综上所述，室内软装艺术设计要重视室内环境中的两个建设：“物质建设”和“精神建设”。要灵活运用四个性能：实用性、经济性、艺术性及个性。室内软装艺术设计必须积极调动人的聪明才智，展开丰富的空间想象力，充分发挥有限的物质条件，以创造无穷的精神世界，造福于人类。

软装饰品在室内环境中的作用十分重大，它可以使环境用起来舒适、看起来好看。我们的工作和学习都离不开软装饰品，许多优秀的室内设计环境都是通过软装饰品来体现其价值的。软装饰品的好坏直接决定了居住其中的人的物质和精神生活的好坏，特别在精神意义的追求上，软装饰品的含义要深刻许多。软装饰品作为室内必需的生活用品，是室内环境中不可分割的一部分，作用非常大：

①体现室内使用的用途。在室内环境的设计和实际使用中都离不开软装饰品的摆放，只有通过相关软装饰品的摆放才能体现该室内使用的用途。比如在标准的展示中每个空间都是 3×3 米的大小，我们放进办公桌椅就可以在此办公，放入餐桌椅就是餐厅的用途，所以说不同的软装饰品就体现出了不同性质的用途（图 16）。

②展示特定的文化或主题内涵。一般室内软装空间实用、舒适、美观就达到了基本要求，而有些特殊的或具有纪念意义的空间则要求陈列一些具有特殊作用的软装饰品，以形成特定的文化意蕴。如具有纪念性、旅游性的建筑室内空间，需要引起人们的怀念和追忆。如广州黄埔军校的展览馆，参观者一进入这个环境就已经身临其境感受到当时军校学员们的刻苦生活（图 17）。

③体现地方和民族特色。每一个地域、每一个民族都有自己特定的文化背景和风俗习惯，因此形成了不同的地方特色和民族风格。比如新疆人热情奔放，喜欢大花图案和鲜艳奔放的地毯等，这都和他们的风俗习惯有一定的联系（图 18）。

④展现居住者的个性，陶冶情操。一个人居住的环境往往可以真实地反映出一个人的性格爱好、修养品位和职业特点等。软装方式的改变也和居住者提升自己品位，完善和提升自己的审美有着很密切的联系。

⑤反映时代性。一种样式的产生往往反映了当时社会发展的要求，适应人们心理上对时尚的追求。具有时代特点的软装饰品可以引起人们的怀旧或追求时尚的心理（图 19）。

⑯ 不同性质用途的软装饰品

⑰ 广州黄埔军校

⑱ 新疆民族风情

⑲ 时尚简洁的室内软装

16

17

18

19

所以说软装饰品是室内环境的有机组成部分，它们的选配更是室内设计的重要环节。无论我们在设计何种空间时，都要考虑软装饰品的选择和摆放，才能创造出完美的耐人寻味的理想室内环境。

3. 软装审美与软装设计师

● **软装审美**

软装设计是一门相对独立的艺术，但又依附于室内环境的整体设计，对于室内环境空间的意义不仅仅是补充和升华，更是一种对环境艺术与人类精神不懈追求的完美诠释。对室内空间可以起到画龙点睛、提升品质、增强艺术表现力的作用。评价软装的审美格调如何，我们可以借用明清家具研究大师王世襄先生对家具的评价，王世襄先生提出的家具十六品——简练、淳朴、厚拙、凝重、雄伟、圆浑、沉穆、浓华、文绮、妍秀、劲挺、柔婉、空灵、玲珑、典雅、清新；八病——繁琐、赘复、臃肿、滞郁、纤巧、悖谬、失位、俚俗。这十六“品”和八“病”对于指导我们品鉴明式家具的造型和艺术价值具有重要意义，对于我们品鉴当代的室内软装也有很好的指导意义（图 20）。

⑳ 现代中式意味的室内软装设计

● **软装设计师**

软装设计师应该是一个多面手，需要掌握的知识是全方位的。作为室内软装设计的学习者，我们首先来了解软装设计师要具备的条件：

全面的专业知识：掌握建筑与室内设计发展史、建筑与室内设计原理、软装设计、设计概念表达、装修与软装材料、室内制图、绘画表现、人体工程学、色彩与照明以及环保低碳设计等的设计基础知识，还有最好具有环境理论、人文伦理、东西方礼仪和其他门类的艺术素养。

追求完美细腻的性格：软装设计师，一定要细心、追求完美才能最终使项目呈现一个比较完美的效果。从一个项目的接洽、方案设计到提交，再到最后的摆场实施，每个步骤都要求软装设计师具有敏锐的观察力和细心的体验感觉，需要考虑到很多的细节和完美呈现所要求的各个部分。

上海市劳动技能培训中心对软装设计师的职业描述是：

A. 能精确地掌握公共建筑装饰设计风格且具备成熟的材料选配能力；能独立完成中型项目的前后期装饰设计工作、零星家具的设计，有一定的手绘能力。

B. 有家居、办公房、别墅、样板房、会所、酒店等实际独立设计操作经验。

C. 具有敏锐的时尚触觉和创意，执行力强，能准确把握设计后续的施工工艺、结构及材料材质。

D. 有良好的空间感，熟悉材料市场，有一定的价格控制能力。

E. 对设计作品的解释能力较强；善于与人沟通，有强烈的责任心，能承受工作压力。

F. 有熟练的绘图技巧，能熟练操作设计绘图软件（AutoCAD、3ds max 或 Lightscape、Photoshop 等）。

G. 性格开朗，善于沟通；工作效率高，有创新精神，有良好的团队合作精神；工作踏实、认真，有较强的敬业精神；能适应加班、出差。

从以上几个方面我们可以看出，室内软装设计师的职责不仅仅是摆个花瓶、挂幅画之类的简单工作，他的工作是全方位的。现在的消费者都意识到家庭装修中软装设计师的重要性，所以我们要凭借自身良好的职业素质和丰富的设计经验，为客户“度身定制”室内空间——甚至设计出“新的生活方式”。所以软装设计就是按照业主（消费者）的要求，通过设计反映出设计者设计的哲学理念、美学观念、价值取向、历史文脉、时代精神、自然条件、地域特点及民俗民风等，从而起到引导业主（消费者）生活的作用。从这种意义上来说软装设计师除了要做好设计以外，还应担当起引导客户的职责。

总之，室内软装设计师要有丰富的艺术修养的沉淀，要精通设计，并具有广博的文学、历史、社会、科学知识，还需具有开朗包容、浪漫幽默、善于吸纳的性格，还要有对优美与细节的追求，对优雅品位与极致效果的推崇（图 21）。

专业的室内软装设计师就像是神奇的魔法师，挥舞手中的魔术棒，呈现在业主面前的将是出乎意料、赏心悦目的视觉和生活空间。所以，我们可以这样说，优秀的室内软装设计师应是：生活历练够、美学基础深、思维方式细、创造能力强、细节处理精，只有这样，才能全面周到地为客户服务。从长远来说，优秀的室内软装设计师可以保持室内环境长期的新鲜感和营造适宜的气氛。

㉑ 软装设计师专业知识

二、软装设计策略

1. 设计策略的概念

设计策略 Design Strategy 指的是通过产品设计获取竞争性优势的计划，原来属于工业设计的范畴。在软装设计中关于设计策略概念可分为以下三点来说明（图 22）：

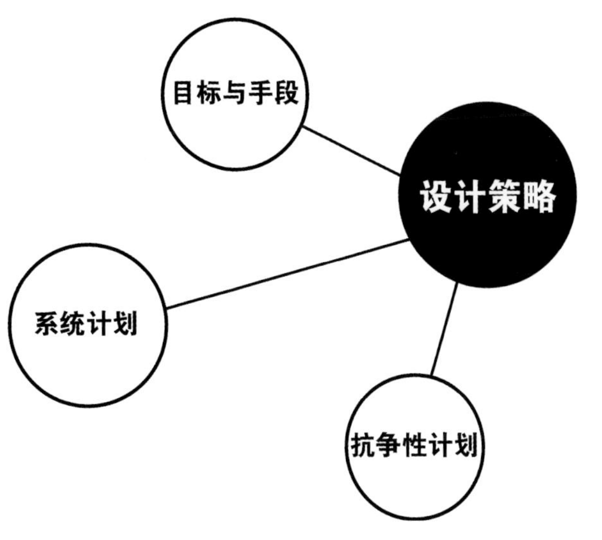

㉒ 设计策略概念

①就属性来说，设计策略是一种计划范围之内的概念。因此，设计策略也同一般概念的计划一样，表现为“目标与手段”体系，即是一定的策略目标和为了实现既定目标事先妥善规划的一系列策略手段的组合。

②设计策略是具有全面性、长远性的系统计划。其涵盖范围是全面性、长远性的时空结构，主要目的是保障企业产品的持续发展与永续经营，是一种处于支配领导地位的设计计划。

③设计策略是一种以适应环境和超越其他产品为主要特征的抗争性计划。不仅需要考虑产品周期性，更要随时注意市场环境的变化与竞争对手的挑战对抗。

比如海南三亚的房地产市场是近几年国内各房地产商竞相开盘的一个火热“战场”，从三亚的三亚湾、亚龙湾到最近的海棠湾。这么多的房地产项目竞相开盘，样板房的设计策略一定要从以上三个方面去考虑：长远性的发展计划是什么；该项目超越其他项目的特点是什么；具体采用什么样的“目标和手段”去实现。这些也是我们做任何设计项目时要考虑的环节，当然通过这三方面的列表分析也可以更明确我们的设计方向（图 23）。

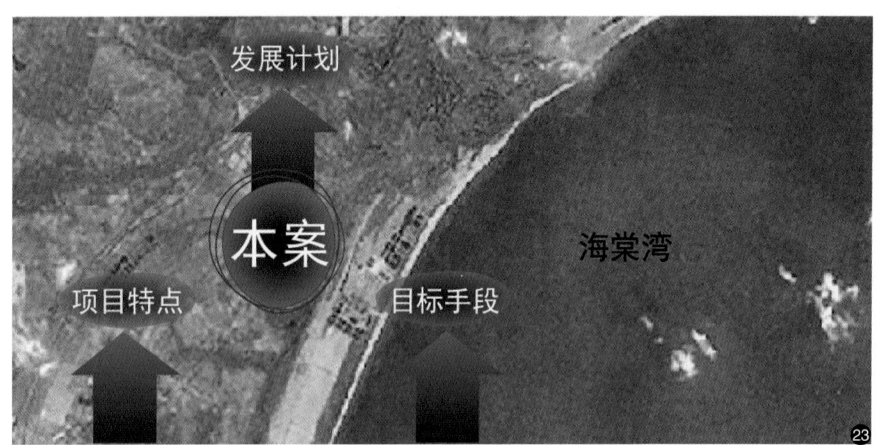

㉓海南三亚海棠湾的房地产项目

2. 软装设计策略

软装设计策略就是研究考虑怎么更好地通过软装设计取得竞争优势的计划或设计与实施的过程，特别是在商业空间的执行设计过程中。因为在商业空间中，软装设计也是计划范围之内的计划与手段，比如就房地产样板房来说，它是一种与对手竞争的设计计划，不仅要考虑软装设计的流行时尚性还要随时注意市场环境的变化与竞争对手的挑战对抗。在城市的房地产竞争和商业地产的竞争中，软装设计策略是一种计划性比较强的设计行为。

目前商业地产的竞争呈现一种白热化的状态，比如图 24 江南西某商场的设计就是从生态、美食、潮流及乐活这四个方面去进行一种体验式消费的总体规划，这种规划也是对附近商业环境做了大量调查后的提炼。

3. 软装设计策略市场研究

软装设计策略的市场研究通常的步骤是首先设计新概念的样板房产品，开拓新市场；其次，比竞争对手更支持现有市场的需要；最后，掌握消费者脉动与需求。

例如，为了具有竞争性优势而发展有两种结果：在技术上有所突破，进行样板房产品的开发与研制，进而开辟新市场；或者开拓性地运用现有技术。而房地产企业销售部门一旦决定了软装设计策略的方针，即意味该企业同时决定了产品差异化特质、产品开发方向、设计经济成本、设计组织架构等。

软装设计策略分析的外部环境是指存在于企业之外，对企业有潜在影响的各类因素。按对企业影响的程度，可将环境分为“一般环境”、“产业环境”和“企业营运环境”。并针对环境与软装设计策略两者间具有密切关联性的现象加以说明。此类分析多用于商业环境的软装，一般的家庭软装不用做类似的分析。

4. 软装设计策略消费者研究

软装设计和其他的设计一样需要根据消费者的需求进行市场分析。消费者对某特定软装设计饰品的需求包含：软装饰品质量、色彩、使用性、价值、价格等。通常在室内软装设计时对消费者的分析有两大方向：①直接使用者（家庭软装）；②间接消费者（商业软装）。对于第一种消费者我们一定要做好关于消费者的生活行为习惯的调查并尊重每个家庭成员的爱好。而在商业空间的设计上我们同样要做相应的调查，不过还要考虑到委托单位的意向和成本核算等。

㉔ 江南西某商场的设计

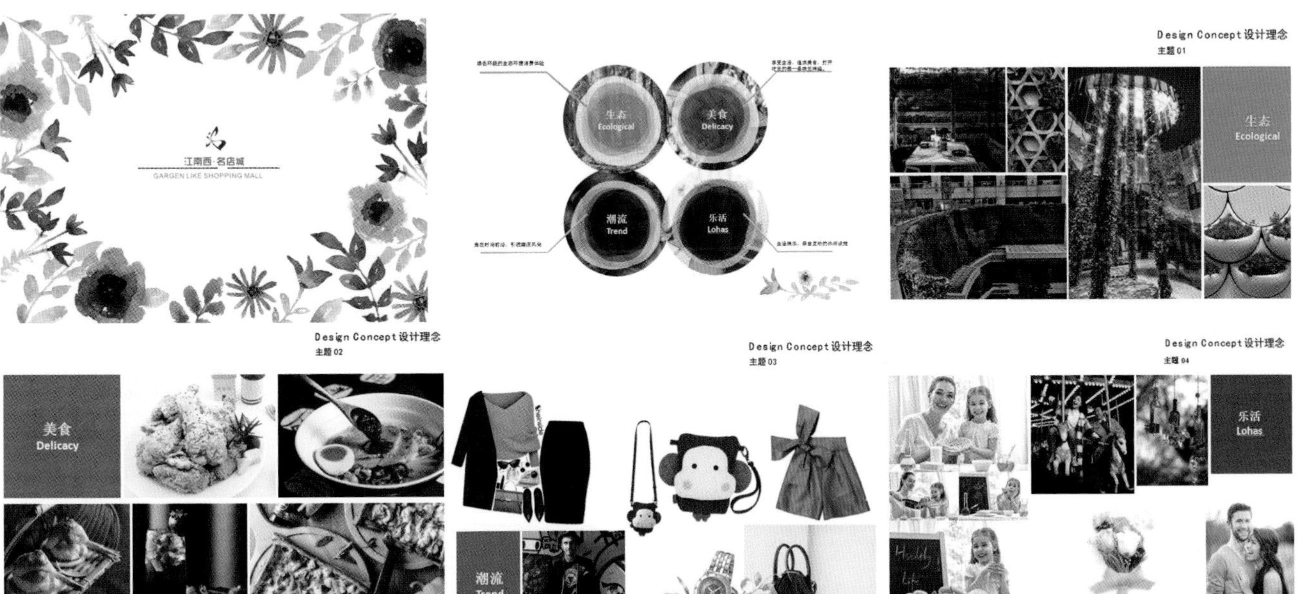

比如下图是某地产商在做样板房时的虚拟客户，他们对该地产楼盘针对的消费群体进行分析研究，进行相应的户型和软装设计，以吸引该类型消费者的青睐（图 25）。

㉕ 某地产商在做样板房时的虚拟客户

小贴士

A. 一般环境包括：1. 政权的性质和稳定程度；2. 政治环境中的产业政策；3. 经济环境中的技术问题；4. 社会文化环境的改变。

B. 产业环境主要是指产业的竞争性分析。主要是分析同性质产品的设计策略竞争格局以及产品之间的关系。产品的先期设计咨询与企业可能采取的策略至关重要，因此产业竞争分析是企业制定设计策略最主要的基础。

C. 企业营运环境的分析主要是以竞争者分析、消费者分析为主。

课堂思考

1. 陈述软装设计的概念以及产生原因。
2. 描述你对软装设计师的职业期望，对照文中的要求，看自己还需要完善哪些方面的知识技能。
3. 认识软装设计策略的重要性。

Chapter 2

软装设计的基本美学与色彩原则

室内软装设计要遵守一种共同的审美和视觉艺术的美学原则，要注意形式美感的基本训练。强调软装设计丰富的想象力、观察力、巧妙的经营和合理的布局能力，设计贵在独创。

软装设计色彩的搭配是互相联系、互相对比协调的，所以了解和把握其在软装中的运用，首先要了解色彩的基础理论知识。通过对室内色彩、材质的深入分析，使设计师能方便快捷地搭配出理想的色彩空间。

学习目标

了解软装设计形式美感训练的重要性与室内色彩的基本理论，以及做好室内软装色彩的基本分析，达到能方便快捷使用、搭配的目的。

学习重点

掌握软装设计的形式美感的美学原则。室内软装色彩分析与色相环上关系的研究与应用。

一、软装设计的基本美学原则

英国经验主义美学提出："美"是在一定条件下的美，一切真正的艺术应具有一种共同性质，"有意味的形式"是视觉艺术的共同特征。我们应该理解这种审美观点。视觉艺术的共同性质，也就是室内软装设计所要遵循的性质与美学规律，这些意味形式、共同性质与美学规律也被看成是前人对客观世界美学认识的经验总结。室内软装设计形式则是通过空间、造型、色彩、光线、材质等要素，或简单归纳为形、色、光、质的完美组织所共同创造的整体审美效果。室内设计的室内整体空间视觉形象是空间形态通过人的感觉器官作用于大脑的反映结果，所以室内软装的基础主要有两个方面：首先是体现整体感，软装设计的空间中的软装饰品一定要与室内整体的效果相配。有很多设计师喜欢把各个部分做成不同的风格，虽然局部的效果很好，但从整体来看却非常繁琐，缺乏整体感。有的室内软装做得非常简洁，这并不是设计师在偷懒，而是懂得每一个软装饰品都只是整体的室内空间中的一员，必须和整个团队形成一体才能组成和谐的乐曲。最后是室内一定要保持整齐清洁和一定的序列，没有人愿意在杂乱无章的空间中停留。

整齐和有序是保持室内方便实用的第一要素，也是室内软装设计必须要遵守的首要原则，软装饰品的摆放整整齐齐、排列有序本身就是非常美的展现。而室内软装设计的软装艺术的空间构图是设计师基本艺术素质的表现，这种艺术素质的养成主要还是来自艺术类的专业基础训练，这些美感的形态构成基本原理如下：

1. 形式美感的训练积累

（1）尺度和比例：比例问题在古希腊时期就被哲学家和艺术家认为与“美”是相互关联的，达·芬奇也说过“美感主要在比例关系上”。物体与物体之间，局部与整体之间要有良好的关系，这些关系包括物体的长短、大小、粗细、厚薄、浓淡和轻重等恰当的配比。还可以分理性和感性的比例关系（图 26）。

从空间的结构、家具的搭配，到细部的组织，都必须注重比例和尺度的问题。当然，在实际操作中我们更多地靠敏锐的感觉来判断。在室内空间中所有的物品要掌握好尺度和比例，这种比例第一是要有宜人的尺度，第二是物品和物品之间要和谐。比如小空间就最好不摆超大的饰品，如果空间太空旷，只有很小的家具软装就会显得小气，物品等的尺寸不适合人的使用等。如图 27 中的装饰品与墙面绘画和花瓶之间的大小比例显得非常和谐统一。

（2）统一与对比：统一与对比是艺术设计的基本造型技巧，把两种不同的事物、物体、色彩等作对照或某部分保持一致，就称之为统一与对比。把两个明显对立的元素放在同一空间中，经过设计，使其既对立又协调，既矛盾又统一，在强烈反差中获得鲜明形象性，求得互补和满足的效果。在室内软装设计中统一与对比是常常采用的设计手法。在大的室内空间中各种材质的款式、色彩、质地，应统一在一个相似的大基调中。例如，家具款式是现代简约的，窗帘花形则最好是比较简约的，各种家具的质地木纹也最好保持一致。在设计中最容易达到美的要求的就是整齐、统一，特别是在窄小的、用途较杂的空间中各类室内物品的摆放更要注意它们的统一。在一个相似的大基调中还要注意局部的小的变化，只有这样才不会使整个空间显得单调、呆板。

㉖ 现代雕塑的体量与空间的协调
㉗ 带有现代绘画的室内装饰

26

27

例如：在现代古朴室内的局部点缀一盆红彤彤的鲜花，整个空间立即就有了生气。这就是色彩与古朴软装品之间的对比（图 28）。

（3）和谐：凡是以类似的细部共同组合，或对比的细部共同结合，只要能给人以融洽而愉快感觉的形式都是和谐的形式，和谐就是协调之意。室内软装设计应在满足功能要求的前提下，使各种室内的物品相互协调，成为一个非常和谐统一的整体。和谐分为物体造型的和谐、材料质感的和谐、色调的和谐、风格样式的和谐等等。和谐是室内软装设计中最重要的形式法则，室内各种物体给人视觉的感受总体上应是协调的、稳定的。这种和谐也是各种不同类型的饰物在体量、表面质感、内在韵味上达到的一种统一。和谐能使人在视觉上、心理上获得宁静、平和、温情的满足（图 29）。

28

（4）对称性：对称的构图是室内软装中最常用的手法，中式的室内空间就常常采用对称的构图。古希腊的哲学家毕达哥拉斯早就说过，“美的线型和其他一切美的形体都必须有对称的形式”。对称美是形式美的传统技法，也是人类最早掌握的形式美法则。生物体原本就是对称的形式，很早就被人类认识和应用，它可以分为绝对对称和相对对称。但过于对称的布置给人一种平淡呆板的视觉印象，在基本对称的基础上，局部的不对称可产生变化，具有一定的动感。如中式的室内软装的家具都基本上是对称式的排列，使人感受到秩序、庄重、整齐之美（图 30）。

❷❽ 现代古朴室内的局部点缀
❷❾ 保持和谐构成的室内
❸⓪ 山东曲阜孔府软装

（5）均衡稳定性：均衡法打破了对称的格局，也是自然界物体存在的形式中遵循力学原则的表现。均衡区别于对称，它是通过相等或相似形状数量、大小的不同排列，给人以视觉上的稳定，所以也是室内软装的均衡稳定性设计，它是依中轴线、中心点等量不等型的形体、构件色彩来配置。均衡和对称形式相比具有活泼、生动、和谐、优美的韵味。在室内软装设计中从人的视觉心理感受来说居家饰品不一定要对称，但必须具有一定平衡感，不能一边是空荡荡的，

29

30

㉛ 画和花构成了这个空间的视觉艺术中心

㉜ 新加坡公共空间的一个环保装饰

㉝ 小洽谈空间

㉞ 带有同样元素花纹的室内软装

而另一边是堆满的。从视觉感受上来说比如顶棚颜色通常应该浅于地面，以免让人产生头重脚轻的感觉。

（6）创造一个视觉艺术中心：创造一种和谐的氛围、一个协调的空间，最简单的方法就是将居室内的家具、光线和配饰品进行创造性的规划，以形成完美的对称搭配。一个视觉平衡的房间最关键的是要有一个核心焦点，比如一扇窗或者一面镜子。在一个区域和范围内，视觉上要有一个中心，这一原则可使每处居室内保持一个亮点，这个亮点也可以使室内软装设计的总体风格易于把握和突出（图 31）。

在大型的室内公共空间也可以选择一些公共艺术作品作为建筑室内的一个很好的艺术中心区，这能够有效提升空间的艺术气质，如图 32 是新加坡某公共空间的一个环保材料的艺术装饰。也可以用非常钟爱的艺术品为中心，选择一些色彩大胆的软装等在此周围设置一个正式的会谈区域（图 33）。

（7）节奏和韵律：同一单纯造型，连续重复所产生的排列效果就一般，但加入有规律的变化，如长短、粗细、造型、色彩方面的突变、反复和层次，给人以流动感和活力感，就会产生出有节奏的韵律以及丰富多彩的艺术效果。节奏是基础性和条理性，韵律是情调在节奏中的作用。节奏和韵律在复式和别墅房型的布置设计中运用较多，特别大型的公共空间里的装饰手法都会贯彻这一设计原则，使整个空间给人一种有规律的变化，让我们联想到音乐节拍的高低、强弱，给人愉悦的韵律感。

如图 34－图 36 中卧室、客厅墙纸和地面的图案被大面积重复使用在窗帘、软垫和灯饰上，从而创造出一种强烈而突出的背景。浴室里，同样图案的墙纸与瓷砖巧妙地搭配出一幅平静的图画，也可以感觉到明显的韵律和统一的变化。

35 地面与窗帘的纹饰互应
36 天花、地面等的纹饰
37 巧作经营布局的室内
38 中国意境的构图
39 餐饮空间的波浪形隔断
40 奥赛餐厅的半通透隔断

我们在室内软装设计时还需经常遵循的规律有：几何、倾斜、简洁、丰富、独特、渐变、光影、仿生等等，只有充分地发挥艺术的规律，我们才能创造出丰富多彩、引人入胜的理想室内软装环境。

2. 构思、经营布局巧妙合理

室内软装设计同其他设计艺术规律一样，它的优劣取决于构思的巧妙。“意为笔先”，艺术设计都强调构思的重要性，在构思的过程中我们可以发挥大胆的想象力，充分地表现与环境使用特点相关的软装。巧作经营、布局合理是我们平时在绘画中运用的构图章法，也是我们在软装艺术中的一种手法（图 37）。

巧作经营是绘图中的构图章法，布局合理是软装设计的手段。构图是一副艺术的骨架，骨架好似人的骨骼一样，骨骼能够支撑着人身体的全部重量，而骨架是画面全局结构的基本形状，支持画面构成多种风格形式。在中国画的《画评》中提出“置陈布势”指画面位置陈列，讲究布局气势。中国画中对“势”的描写，经常是通过骨架的运动，来具体表现出“势”的倾斜、回转、起伏，从中可以看出骨架在绘画中的重要作用。例如：餐饮空间环境，根据分区功能的需要，间隔成许多不同形状，如直线形、折线形、弧线形、波浪形、残缺形的，半通透的视线高的隔断墙，进行软装也能起到美化环境的重要作用（图 38- 图 40）。

怎么发现和运用这些美学规律呢？我们日常要养成以下的习惯：

- **观察**

软装艺术的观察，在于对室内软装的专业钻研和探讨，善于用心观察的人，能发现别人所看不到的东西，所以说观察不仅仅在于收集软装物品的数量，最主要的是观察居住者的生活习俗或是能体现具体风格的细节，要注意观察一般人容易忽略的细部，另外一个是要系统地有计划地养成一个习惯，把自己的观察记录下来。我们要用心地去观察，动脑筋思考、比较、分析、研究，最终会有意想不到的收获。

- **想象**

想象力是需要培养的，要注意锻炼这种能力。软装设计也可以看作就是想象的学校，而且也是情感的学校，就是把情感积累起来、软装起来作为一种艺术效果奉献给群众，设计艺术家要有多种生活的体验，缺乏生活体验的人就缺乏想象。想象力丰富是软装设计成败的关键。

一件事情过去做过，现在回想起来叫作“记忆”，对从未见过的东西，我们可以从记忆之外，对于记忆的东西进行联想，产生一种飞跃，就产生想象、幻想，从事软装艺术设计特别需要这种想象力，比如具有童心的画家米罗，被人称为“把儿童艺术、原始艺术和民间艺术糅为一体的大师”。软装设计师的想象是建立在大量的生活体验和实际的观察上，才有可能在这个“记忆”的基础上产生丰富的想象（图 41、图 42）。

● 夸张

夸张在创造性的想象中起着重要作用，夸大了软装物的重要性，则更动人、更具表现力，所以要将创造的想象力化为软装艺术就要运用夸张——色彩的、造型的、构图的夸张，同时要注意将丰富的想象力同严格的智慧结合起来，用智慧来控制想象力。

41 具有丰富想象力的空间装饰
42 米罗的画
43 2015 年米兰世博会的美国馆

● 技能表现

软装设计构思的技能重在表现力，特别是平面的表达。技能越精、越好，想象力就越能成为现实，技能来自锻炼，技能越高，完成创造力的机会就越多，一个人的技能是有意识的活动，是艺术的技能。软装艺术家也要如此提炼，尽量不要用加法，要用减法，以少胜多，少而精为软装的基本原则。另外，作为一名优秀的软装设计师，现场摆设的技能要求也非常高，尽量选用环保、自然的软装饰品来达到高意境、高情趣的宜人环境。图 43 是 2015 年米兰世博会中美国馆生态种植的软装。

● 习惯

上面所讲的内容都离不开习惯，任何一种技能有所为，还是无所为，都同习惯有关系。好的习惯对练习创作有很大的作用。一个软装设计师应使他身边的环境越变越美。古人曰：“ 一屋不扫，何以扫天下。”只有具有这种日常的习惯，才能创造出美的环境。如图 44 展现了日常生活中良好的收纳习惯，它可以使物品井井有条。

● 兴趣

兴趣每个人都有，如果一个人的兴趣只限于孤立的种类，也就是注意小趣味的人，胸怀不容易开阔。对于软装设计的艺术构思来说，要时刻保持对生活方式的表现、时尚和艺术的敏感。兴趣的保持是一种很广泛的生活态度，比如图 45 的室内软装中就包含了对当代艺术、装置、工业设计的理解和采用。

㊹ 具有良好收纳习惯的室内空间

㊺ 包含了当代艺术表观方式的室内软装

㊻ 绿植装饰的空间软装

3. 造型特点贵在独特

室内的软装环境主要是由造型、色彩、材料、光线等基本要素共同构成，分为自然和人为的两个基本方面。它可以塑造室内环境的造型性格，进而影响居住人的日常行为举止。

从人类发展的历史长河中，我们不难发现人类追求美好、富有生命力、独创性的室内软装空间。从室内软装的观点来说，不论是一件器物、一瓶插花、一组家具，还是整个空间，都有不同的造型。室内的造型丰富多彩，它的主要特点是创造室内性格。例如某饭店的造型围绕形形色色的绿化展开，整体的空间已经融入一片绿色的海洋，独具空间的魅力（图 46）。

47 独特魅力的室内空间
48 造型独特的家具装饰
49 光学三原色
50 物体三原色

独特的室内软装造型具有个性、魅力、吸引力、竞争力，是人们向往得到的、设计师终身追求的造型（图 47、图 48）。一般性的室内设计，普普通通的家具，再平常不过的软装饰品，毫无创造力、千篇一律的室内环境，没有生气不具有活力。这样的设计，应该说是没有灵魂的设计，不会有好的软装效果，不是成功之作，更谈不上具有艺术的感染力。

二、软装设计的色彩基础

1. 色彩的基础知识

● 色彩三原色

我们所见的各种色彩基本上都是由三种色光或三种颜色组成，而它们本身不能再分拆出其他颜色成分，所以被称为三原色。通常所提到的三原色有光学三原色和物体（颜料）三原色。

A. 光学三原色：如图 49 所示，分别为朱红光（Red）、翠绿光（Green）、蓝紫光（Blue）。将这三种色光混合，便可以得出白色光。如霓虹灯，它所发出的光本身带有颜色，能直接刺激人的视觉神经而让人感觉到色彩，我们在电视荧光幕和电脑显示器上看到的色彩，均是由 RGB 组成。

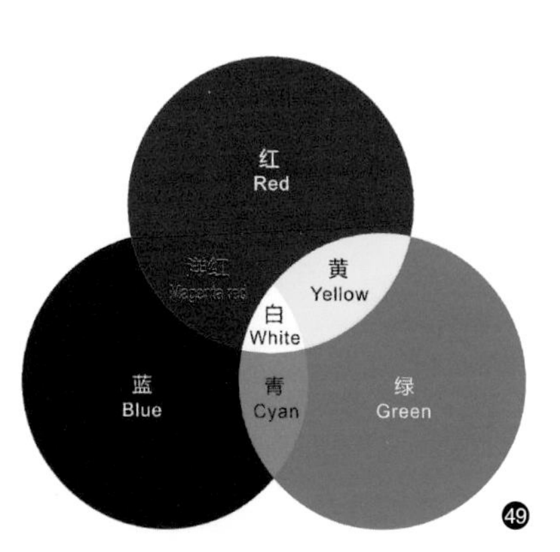

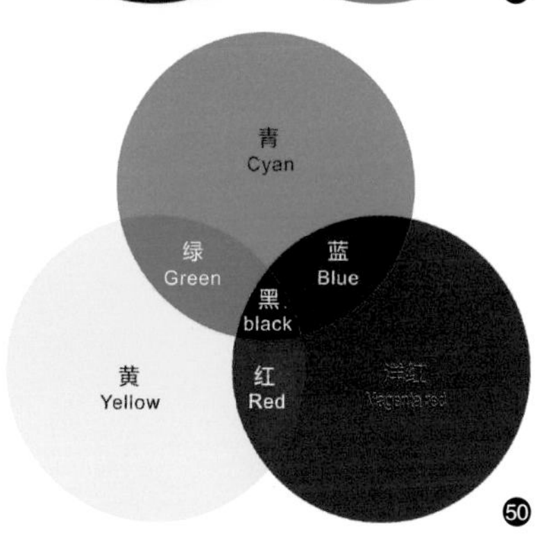

B. 物体三原色：如图 50 所示，分别为青蓝（Cyan）、洋红（Magenta red）、黄（Yellow）。三色相混，会得出黑色。物体不像霓虹灯，可以自己发放色光，它要靠光线照射，再反射出部分光线去刺激视觉，使人产生颜色的感觉。在颜料里这三种原色无法通过其他的颜料调制出，通常也称为颜料三原色。

● 色彩的三个基本属性

色彩表现很复杂，但可以用三组“属性概念”来确定。其一是彩调，也就是色相；其二是明暗，也就是明度；其三是饱和度，也就是纯度、彩度。色相、明度、彩度可以用来确定色彩的状态，称为色彩的三属性。

通过对色彩三个基本属性的描述，能够准确表达出一个色彩的基本特征，同时可以与其他色彩区分开来。如右图的几个颜色：

蓝绿色和天蓝色是完全不同的两个色相，浅蓝色描述的是色彩明度的深与浅，蓝灰色描述的是色彩纯度高低。

A.色相（Hue）：简写H，色相可以简单地认为是色彩的面貌或区别色彩的名称，表示色的第一特质。例如红、橙、黄、绿、青、蓝、紫等。色相和色彩的强弱及明暗没有关系，只是纯粹区别表示色彩相貌之间的差异。最初的基本色相为：红、橙、黄、绿、蓝、紫。在各色中间加插一两个中间色，其头尾色相，按光谱顺序为：红、橙红、橙、黄、黄绿、绿、绿蓝、蓝绿、蓝、蓝紫、紫、红紫（红和紫中再加个中间色），可制出12基本色相。

色相环：光谱上原色的色带或条状并列，秩序分明，为研究及整理方便起见，通常把它连接成环状，我们称之为色带或色相环。一般设置12色相的彩调变化，在光谱色感上是均匀的。如果进一步再找出其中间色，便可以得到24个色相。如图51所示，在色相环的圆圈里，各彩调按不同角度排列，则12色相环每一色相间距为30度。24色相环每一色相间距为15度，如图51。

需要注意的是：有的色彩学家将黑白灰纳入色彩体系研究，“黑、白、灰”被称为无彩色，其他的色彩称为有彩色。无彩色系指除了彩色以外的其他颜色，是我们常见的金、银、黑、白、灰。从物理学角度看，黑白灰不包括在可见光谱中，故不能称之为色彩。需要指出的是，在心理学上它们有着完整的色彩性质，在色彩系中也扮演着重要角色，在颜料中也有其重要的任务。当一种颜料混入白色后，会显得比较明亮；相反，混入黑色后就显得比较深暗；而加入黑与白混合的灰色时，则会推动原色彩的彩度。因此，黑、白、灰色不但在心理上，而且在生理上、化学上都可称为色彩。

金、银、黑、白、灰在室内的软装设计中占有大量的空间，通常我们的设计都是以无彩色系为主，辅助一些彩色物品来点缀（图52）。

B.明度（Value）：简写V，表示色彩亮度的强与弱，也即是色光的明暗度。我们通常用色彩的深浅来表达色彩明度的低与高，比如浅红色的玫瑰比深红色的玫瑰明度高。黑与白是色彩明度的两极，黑色的明度最低，白色的明度最高。简单调节有彩色的明度值，一般靠加减灰、白调来调节明暗。

同一色相的色彩，由于色彩的明度不同，色彩很容易形成一定的节奏，比如改变其亮度或者纯度，容易形成一组协调的色彩，就好像深蓝、暗蓝、草蓝、亮蓝的色彩组合。不同的颜色，反射的光量强弱不一，因而不同的色彩会产生不同程度的明暗，如图53。

C.彩度（Chroma）：简写C，表示色的纯度，通俗来说，就是色彩的鲜艳程度；也被称为色彩的纯度或饱和度。具体来说，是表明一种颜色中是否含有白、灰或黑的成分。假如某色不含有白、灰或黑的成分，便是纯色，纯色的彩度最高；如含有越多白或黑的成分，它的彩度亦会逐步下降。

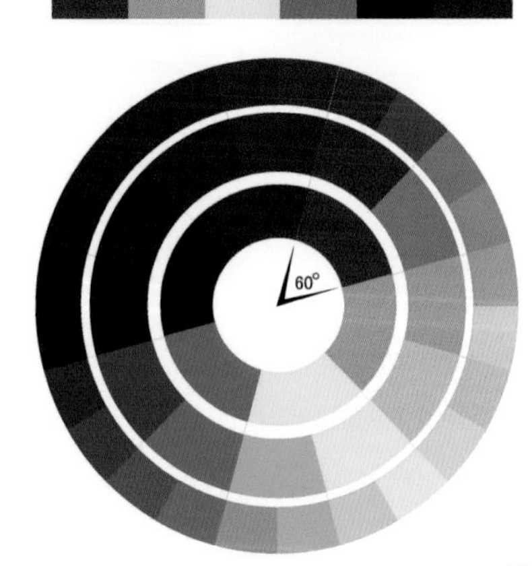

从六个色相演变成二十四个”色相环” 51

52

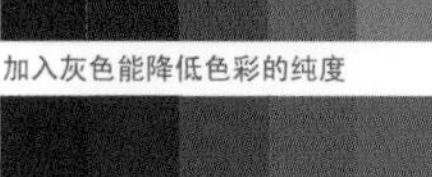

彩色的纯度（饱和度） 53

51 色相环

52 无彩色系为主，辅以彩色物品

53 明度及彩度

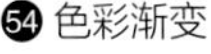色彩渐变

分布在色环上的原色或系列间色都是具有高纯度的色。如果将上述各色与黑、白、灰或补色相混，其纯度会逐渐降低，直到鲜艳的色彩感觉逐渐消失，由高纯度变为了低纯度（图 54）。

- **色阶**

色阶是色彩属性的不同层次，色相、明度、纯度都有它的色阶层次。通常根据渐变的程度描述色阶跨度的大与小，跨度小的色阶，渐变越自然，节奏越舒缓，反之就越强烈。例如彩虹是原色色相的色阶，24 色相环的色阶比 12 色相环的跨度要小，其色相之间的渐变也就越自然。

从黑到白可以被称为无彩色的明度色阶，从深蓝到浅蓝色彩的深浅变化，就是蓝色明度的色阶变化。色彩从灰色到原色的渐变层次就是色彩的纯度色阶。色阶就像音乐的音阶一样，有很强烈的节奏感。这需要通过大量的训练才能达到正确认识的目的。

- **流行色彩**

流行色彩也称时尚色彩，是指在某一段时间内，在特定的区域里被群众广泛接受和推崇的几种或几组色彩，是一定的时期内，一定的社会政治、经济、文化、环境和人们心理活动等因素的综合产物。流行色彩有明显的周期与规律性特征，其趋势预测有非常复杂的社会、历史、文化等背景影响，是综合考虑各种因素的结果。中国在 1984 年正式加入国际流行色协会，从那时起中国的流行色预测研究就开始与国际接轨，也标志着中国色彩发展在世界上的地位和影响都在逐步提升。

研究流行色彩，要考虑各种环境对人的心理影响，人们接受潮流文化是流行色彩的前提条件。在某个时期，某种颜色或某系列的颜色成为当时社会上的主流偏好，设计师设计新商品时，便不免会较容易倾向选择那些流行色彩。这样的情形在时装市场中尤其明显，时装界经常带领新的色彩潮流，时装设计师每个季度都会推出新一季的作品，而这些作品的认可和流行带来了一系列连锁反应，其他周边产品诸如饰物、手表、背包、手提电话、建筑装饰等，都会采用类似的色调，以求合衬，推而广之，我们室内软装的色调也难免受其影响。

以近年为例，潮流追捧金属色系，一下子，新涌现的很多家具也都抹上三分金属色彩。顺应潮流使用某些色彩，更容易被广大消费者所认可，也有不少设计师利用流行色的消费心态，创作了许多精彩的作品。

2. 软装设计的色彩调和研究

● **传统色彩调和研究在软装设计中的探讨**

研究色彩不可避免地要谈到色彩调和问题，环境艺术设计中色彩的调和有很多办法，经常所说的有“相邻色调和、同一色系调和、明度调和、色调调和”等。对于空间环境，如果辅助于材料与灯光应用，视觉的色彩效果会温和协调。

● **软装色彩设计的面积调和及其应用**

研究软装艺术在环境空间的色彩美感，又要兼顾空间色彩的平衡性问题，色彩的面积与位置分布就显得非常重要。以色彩的面积调和为依据，那么其色彩的明度、纯度就应按照数字关系进行调整。如图 55 所示，视觉上能够达到调和的目的。

当然，空间大小不同，所构成空间色彩的材料也不一样，需要综合考虑色彩的面积因素。在大空间与公共空间环境中，由于家具比较小，决定色彩主调的主色往往是墙面涂料、地面砖的材料，家具与地毯可以是副色装饰软装艺术品，灯光也可以是补色（对比色）关系。对于小的空间设计，家具往往占据了空间的主导范围，家具的色彩占据了空间的主要基调，以家具为基调展开色彩的系列设计更容易把握，地毯或者墙的“软包”设计可以作为副色来研究，地面和灯光属于辅助色，补色可以通过艺术品软装或者“射灯效果”等来体现。至于特殊空间的色彩需求，如舞厅、情调酒吧、教堂等环境用灯光或者自然光来衬托氛围，占据着色彩的主要基调。总之在考虑色彩的面积大小时，要巧妙利用色彩处理色彩面积与明度关系，注重色彩的层次与秩序排列，把色彩的节奏控制好（图 56、图 57）。

55 在不同的环境下色彩的关系

56 空间中各种材料的色彩

57 同一种构图色彩的变化会给人不同的感受

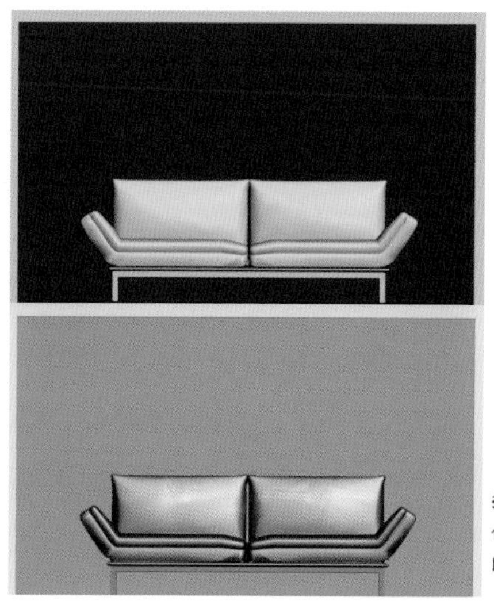

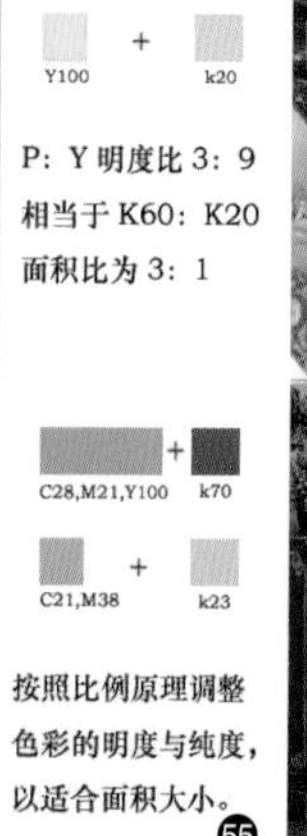

● 软装色彩设计的空间特性及其调和

色彩在环境设计中具有独特的空间特性，空间中的色彩是非平面的，色彩受时间、空间、光线的影响而变化，可以说是“流动的色彩”。

色彩具有空间距离与可识别性的特征。空间的功能特征直接决定了环境的色彩设计，不同的功能对色彩有决定性的意义，色彩调和的前提是满足功能对色彩的限定作用。以广州新白云机场大厅的色彩设计为例，灰色调作为主要的基调，黑、白、灰的布局形成简单的节奏美，用纯度极高的色彩作为补色设计，辅助在不同功能展示的导向牌上，通过对比显得非常清晰（图 58）。该色彩的规划设计是在充分考虑空间功能的前提下进行的色彩搭配，色彩既满足了功能需求，也协调得美观大方。通过无彩色与有彩色的搭配，使空间色彩具备了导向特征，公共环境的人流导向通过色彩得到很好的展示。

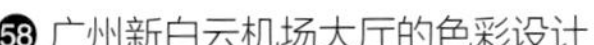
58 广州新白云机场大厅的色彩设计

58

● 软装色彩设计与风格的调和

环境空间的风格除了造型的因素外，色彩起到决定性的意义，建筑装饰色彩受材料、地域文化、审美等因素制约，对于软装艺术色彩的分析可以使我们更清楚地理解色彩风格的变迁规律。

色彩能从不同的角度解读不同风格的色彩变化。从不同民族、国家的地理位置的角度分析，环境设计的风格分中国古典式、日本和式、东南亚风格、北欧式等；从艺术史等文化发展的角度，存在古典式、哥特式、简约式、后现代主义等不同风格。追求不同风格的环境空间，色彩的布局必须体现其“典型性”特征。这种色彩的特征往往具备很浓郁的民族、宗教、文化、地域、气候等特色。以法国古典风格为例：古典风格深受法国传统文化的影响，具有华丽、宁静、优雅等特征，在色彩的搭配上，表现出古典沉稳的风貌。而日本和式风格的色彩，多用自然素材本身所具有的色彩为基调，朴素、淡雅，以栩栩如生的柔和色调为主。

3. 软装色彩应用与案例分析

● 软装配色公式

接下来就来看看怎么简单地利用色环上的色块组合来做出漂亮的效果。

（1）单色组合

单色搭配最原始，单色做好了就能做出非凡的震撼效果！

只需选择你喜欢的一个颜色，比如红色，然后再选择其他几个基于红色的“增白版红色”或“晒黑版红色”，将它们组合起来就是单色搭配，接下来就是将这些颜色运用到空间里去。

通常一个空间假如同时有冷色和暖色出现，那会比较平衡，比如下图里的绿色单色配色。

为了平衡这个冷色的配色，我们可以在靠枕，地面，墙面，或一些小饰品上增加些柔和的暖色元素，比如木地板，木家具，铜质灯具等（图 59）。

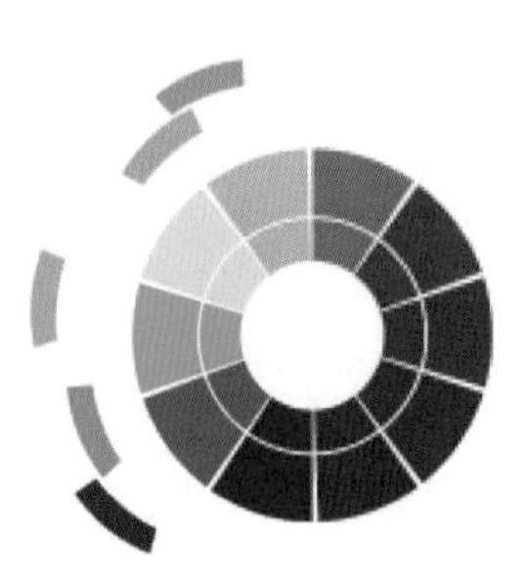

59 室内单色组合

60 室内相邻配色

（2）相邻配色

假如单色配色对你来说过于单调，想要一点活跃感的话，你可以考虑相邻配色，顾名思义，就是将两个相邻的色块组合起来做搭配，就像这里的蓝色和绿色。

这里有个公式化的做法：选 3 个相邻色块，以 6:3:1 的比例分配到这 3 个色块上，6 为主色，3 为辅助色，1 为点缀色。

比较流行的相邻色配色是蓝色和绿色，可以分配给它们 6 份和 3 份的比例，然后选择任何一边的第三个色块为点缀色即可（图 60）。

（3）对比配色

异性相吸，色环上也是如此，选择彼此面对面的两个色块，组合在一起就是对比配色。

同样需要注意的是比例问题，我们要刻意选择一个颜色的比例大于另一个，或者让这 2 个色块以点缀色的角色出现在一个柔和的单色搭配中（图 61）。

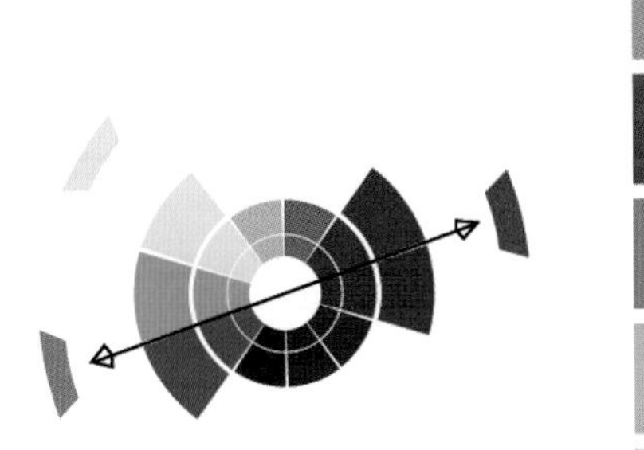

61 对比配色室内空间

62 三等分配色室内空间

63 配色漂亮的室内软装

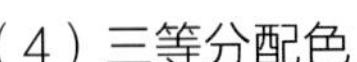

（4）三等分配色

就像中学里学几何那样，将色环一分为三，取任意 3 个等分色块为组合，按照 6:3:1 的比例分配。要注意的是，一定要用柔和版的色块，否则空间会很刺眼（图 62）。

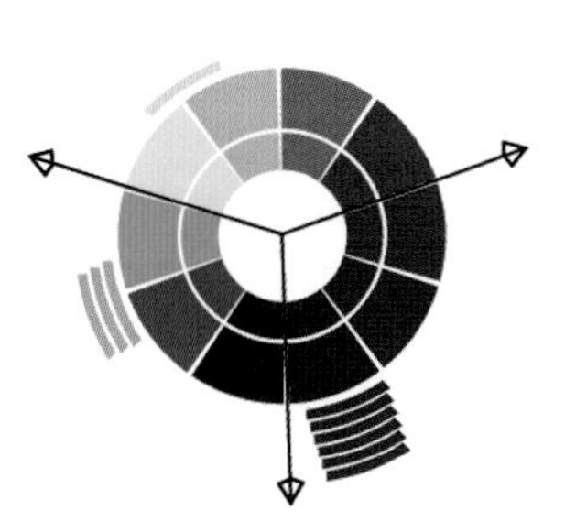

看完色彩的基本分析，我们再看看几组配色漂亮的室内软装设计（图 63-图 65），从中是不是也可以总结和归纳出一些色彩应用的规律，是不是属于我们归纳的以上四种简易的傻瓜配色法呢?

❻❹❻❺ 配色漂亮的室内软装

好了，色彩搭配傻瓜办法介绍完毕，有点像切色相环蛋糕，不是吗?

课堂思考

1. 试着总结软装设计的美学认识与软装设计“美”的经验。

2. 试举例说明色彩的属性、无彩色系在室内软装的应用。

3. 找出您喜欢的软装空间的图，看其主体色调在色相环上的位置，对色彩应用进行说明分析并逐步找到应用色彩的规律。

Chapter 3

软装空间设计策略

软装设计需要服务的空间类型多种多样，了解每种类型空间的设计要素与注意事项，掌握和总结每个类型空间软装设计的策略思路是本章学习的重点。

学习目标

了解软装设计一般的设计空间类型，每种类型设计的特点以及对软装设计形式美感训练的重要性。

学习重点

掌握各类型空间软装设计的方法和重点技巧，了解各种类型空间的设计原则。

室内软装设计是一门相对独立的艺术，但同时又依附于室内环境的整体设计，对于室内空间的意义不仅仅是补充和升华，更是一种对环境艺术不懈努力追求的完美诠释，对室内空间起到画龙点睛、提升品质、增强艺术表现力的作用（图 66、图 67）。

软装设计需要服务的空间类型多种多样，在设计时软装设计师就像导演一样根据不同的场景来进行调度和安排。对于建筑空间来说，软装设计要根据空间的不同使用功能进行设计，我们大致根据建筑空间的不同使用功能来进行以下的分类：住宅空间、公共空间、商业空间、办公空间、餐饮空间。

66 提升空间品质的软装

67 软装是完成室内功能的必需品

一、住宅空间

住宅空间是个综合的空间，它包含了展示主人品位的空间，又包含了为少数人提供休息、睡眠、工作、学习等功能的空间，因此，住宅空间主要围绕着私密性、个别性、舒适性的特点进行软装设计。同时，住宅软装设计的空间类型较多，所包含的内容比较广泛，所以住宅的软装设计是我们的重点研究对象。

住宅的软装设计主要分为客厅、起居室、卧室、餐厅等几大区域。按一般家庭的生活起居来说，客厅、起居室等属于家居空间中的公共区域，在软装设计时要考虑到一家人共同的兴趣爱好。在卧室的软装设计时自由度比较大，可以充分尊重居住者的兴趣爱好：通常儿童房可以用色彩活泼的软装物品，如玩具、色彩斑斓的仿生设计的家具等，老人房就要充分考虑老人的活动特点，家具的边角尽量圆浑，不要有太刺激的颜色。在餐厅的软装设计需要营造舒适、调动食欲的气氛，各种暖色调的食器、器皿等本身就赏心悦目，在餐厅的墙壁上通常会配上绘画作品，令人感觉轻松活泼的水彩画就非常适合。

在住宅空间中，软装饰品的选择是以家具、织物、灯具、绘画、雕塑、工艺品甚至家用电器为主要选择对象。软装的风格十分复杂，季节的变换、时间的流逝、流行风尚的转变都是人们转变室内软装的理由。近年来，房地产样板房软装设计的市场需求量非常大，因此催生了专业的样板房软装设计师（图 68、图 69）。

68 笔者设计的样板房

69 碧桂园样板房

1. 卧室功能分析

卧室是住宅空间中供休息、睡眠用的空间，往往以床为中心形成睡眠区，因而床是卧室主要的功能家具。床的式样、功能和风格对整个卧室起到控制性的主导作用。卧室的使用功能要求保持睡眠区的私密性、宁静感以保证休息，所以卧室内常常选用织物，比如能消除噪音的地毯、挡光吸音的窗帘，和肌肤亲密接触的床上用品等。另外卧室还具有梳妆、阅读、储物和卫生等功能，因此一般都有床、床头柜、梳妆台、衣柜、灯或绿化等软装品（图 70）。

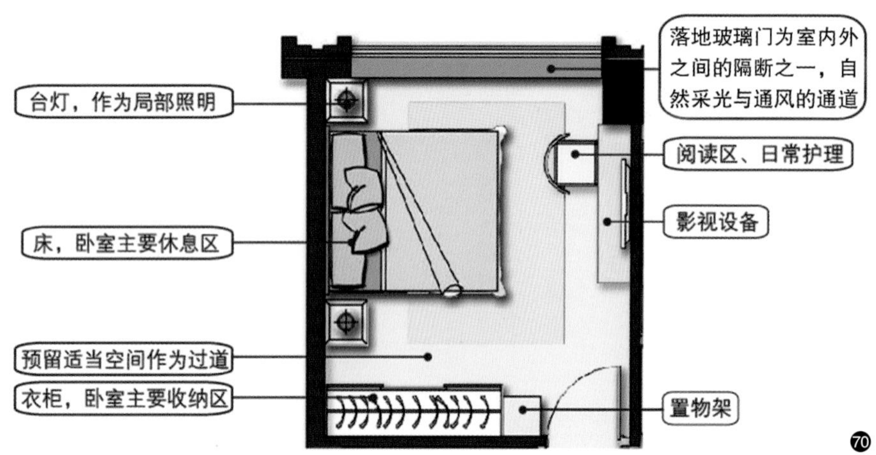

70 卧室功能分析图

71 儿童卧室

72 其他类型的卧室

儿童卧室要根据儿童的生理和心理特点来布置，婴儿、儿童和青少年时期的要求都不一样。在做软装设计时尽量具有童真、趣味性，色彩比较活跃，家具造型简洁，无棱角，注意整体的安全性（图 71）。老人卧室也是要根据老人的特点来布置，比如一般在 60 岁以上的老人腿关节灵活度没那么好的情况下，床就不能用太低的设计，以方便老人起身、由坐到站比较容易。这也是人体工程学在软装设计里的体现（图 72）。

2. 客厅起居室功能分析

客厅或起居室是住宅空间的重要组成部分，具有会客、团聚、家人娱乐、学习等功能，一般来说它既是一个家的活动中心也是一个家对外很重要的展示部分。中国传统家庭的客厅重视对称的摆放，给人以庄重、严谨的感觉，也是宾主内外礼仪之分很明显的一种软装。现代家庭里的客厅已经随着房屋格局、生活方式的改变趋向多种风格、多种功能和可以各种娱乐放松的转变。比如图 73 是香港设计师在 28 ㎡空间中做出的多种功能的家具设计和装饰。

延伸阅读：http://suzhou.zxdyw.com/HTML/2016/4/2016428164442916641.html, http://info.upla.cn/html/2010/05-12/187098.shtml

现代高层的住宅客厅设计一般包括入门玄关、鞋柜、沙发、电视或娱乐墙、茶几、收纳柜等。很多地产公司在设计样板房的时候就考虑到了强大的收纳设计，尤其是玄关位置。比如某地产的样板房做了多层的分类玄关柜，使鞋子、伞、小盒子等都有了安置之地。图 74 鞋柜就有 12 层，足以放下 40 双鞋。为了方便脱鞋穿鞋，还专门设计了可移动坐凳，用时拉出来，不用时推进去。鞋柜门则做成了全身镜，方便业主出门前整理仪容。客厅的家具软装等是主人兴趣爱好、文化素养、性格、职业的最好反映。在客厅一般可以采用沙发、茶几、座椅等形成一

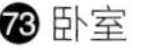
73 卧室

74 入口鞋柜

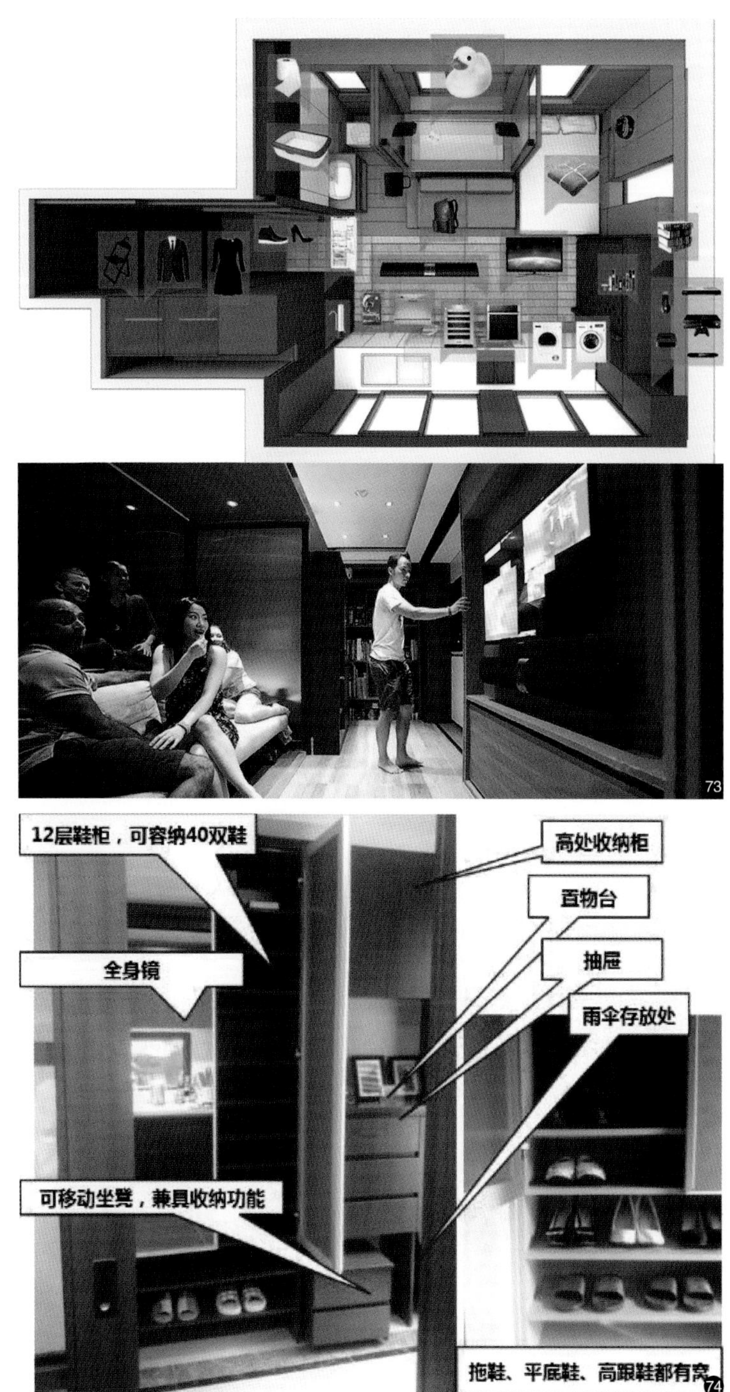

个会客区；用电视柜或音响设备、电器等组成娱乐视听区；酒或其他的储藏柜、吧台、吧椅等组成一个品酒休闲区。其中还可以布置各种软装饰，比如地毯、绿化、酒具、挂画、灯饰等来烘托空间气氛、美化环境。客厅的软装布局最好简洁实用，家具用品电器都可以收纳得井井有条（图 75）。

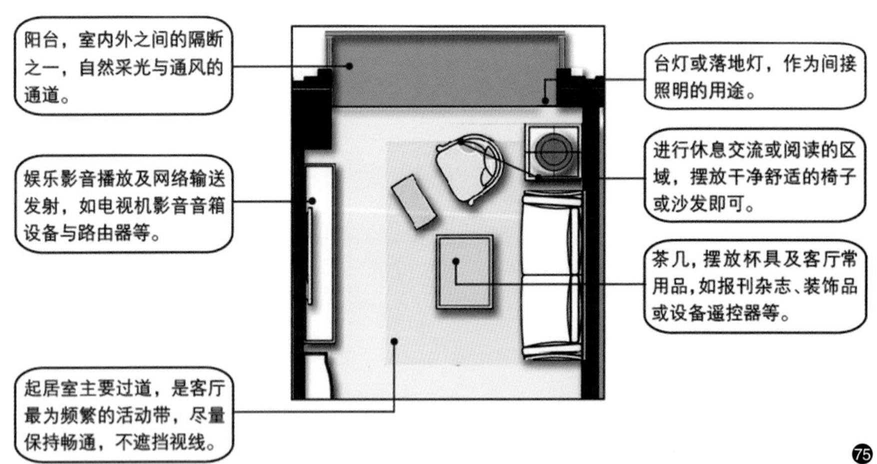

75 客厅功能分析图

76 书房功能分析图

77 书房用品的陈列

3. 书房功能分析

书房是人们读书、学习的空间，随着电脑和其他影视设计的发展，书房也是影视娱乐的空间。我国从宋代开始就有了专门的书房空间，书房内一定要有“文房四宝”，有香、茶等文雅的软装摆设，所以书房是一个特别具有文人气质的空间。书房内主要家具有书桌（工作台）、书柜、座椅和沙发等，书桌和书柜组合式的家具可以围合成一个很好的工作环境，整体造型注意简洁、和谐、使用方便，如图 76 书房功能分析图。体现书房文人气息的方式除了这些实用的软装饰品之外还要有适当的点缀之物，比如书法绘画作品、古玩、收藏品等，在以前的文人书房里还经常有合时合季节的“清供”，如佛手、插花或装饰瓷器等。为了缓解工作阅读的疲劳，书房内建议多放置一些绿色植物，为物主提供一个安静、舒适、充满浓郁书卷味的空间，便于在这个空间里写作、读书、思考（图 77）。

窗户，可放置绿植及晾晒手工制品等

创作区，可作阅读、创作、学习之用

书柜，收纳书籍、书画等，视情况而定做

置物架，可放置文具及创作用品等

休闲区

艺术品

76

4. 餐厅厨房功能分析

由于不同的家庭习惯不同的烹饪方式，餐厅的布置方式也不相同。餐厅的主要功能家具有餐桌、餐椅、食具柜等。餐桌的大小依用餐人数而定，一般直径 1.2m 的圆餐桌可以坐 6-8 个人，0.8×0.8m 的方餐桌一家四个人吃饭就正好。圆餐桌可以使空间气氛柔和，正方形或长方形的餐桌使用和摆放比较方便，当然为了使用比较灵活最好可以选择折叠的餐桌。餐椅的形状以及餐桌的大小都以使用者使用时姿态轻松自如为好，没有太明确的限定数据和款式（图 78）。

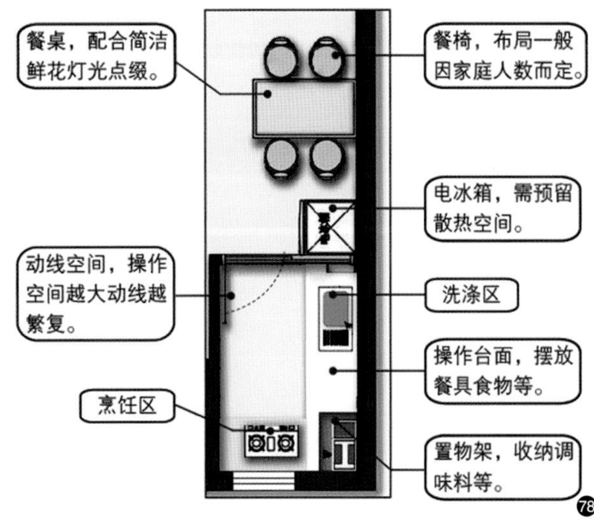

厨房与餐厅的样式体现“做”与“吃”关系，厨房可以这样安排：从左到右分别是冰箱，然后是拿菜放置区，接着是洗菜区，然后是切菜区，最后是炒菜区。分区合理，操作流线一气呵成，减少家庭主妇来回奔波的时间，能让烹饪更高效。为了让家庭主妇炒菜做饭时更舒适更方便，最好在超过 50% 的洗切区设置窗户，使光线和操作者的心情都明亮。橱柜设计为符合南方家庭主妇使用的 85cm 高，厨房插座带开关和蒙蔽防水设计。此外，除了下侧橱柜，上方还可以配装吊柜，再多的东西也能收纳起来，让厨房更整洁舒爽（图 79）。

餐厅和厨房的软装主要是餐具、酒具、烛台、绿化、小工艺品，包括日常的瓜果蔬菜等都是非常好的装饰。这个区域的挂画或插花主题最好能起到烘托轻松舒适的就餐环境的作用，灯光最好是暖色光线，可以让装饰照明直接照射在食物上，以刺激人的食欲（图 80）。

78 餐厅厨房功能分析图
79 厨房的功能图
80 餐厅和厨房

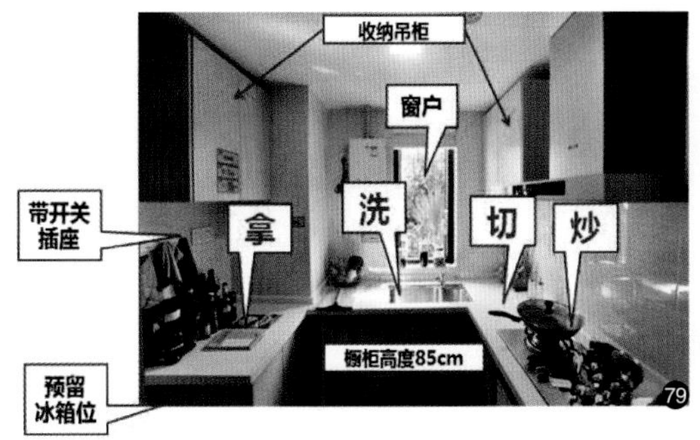

5. 卫生间功能分析

卫生间是现代家庭中非常重要的一个功能空间，功能主要有盥洗、沐浴、如厕、化妆，甚至看书、做头发等需求。市场上具有各种造型的卫生洁具，一定要根据自己的需要和喜好去选取，适当地在软装上提高预算可以使以后的使用增加很多方便。比如收纳柜、镜子、毛巾的架子等等，可以使卫生间环境大大改善，也可以形成鲜明的个性。卫生间软装设计注意要做到干湿分离，洗漱台可以使用一体式台盆，无缝设计，让污水无缝可钻，没有卫生死角，易于清洁。洗手盆增加盆下柜体的收纳空间，储藏功能更强大。而台面上同样具有收纳设计，并可以预留吹风筒孔洞，让物品更加整洁有序（图 81、图 82）。

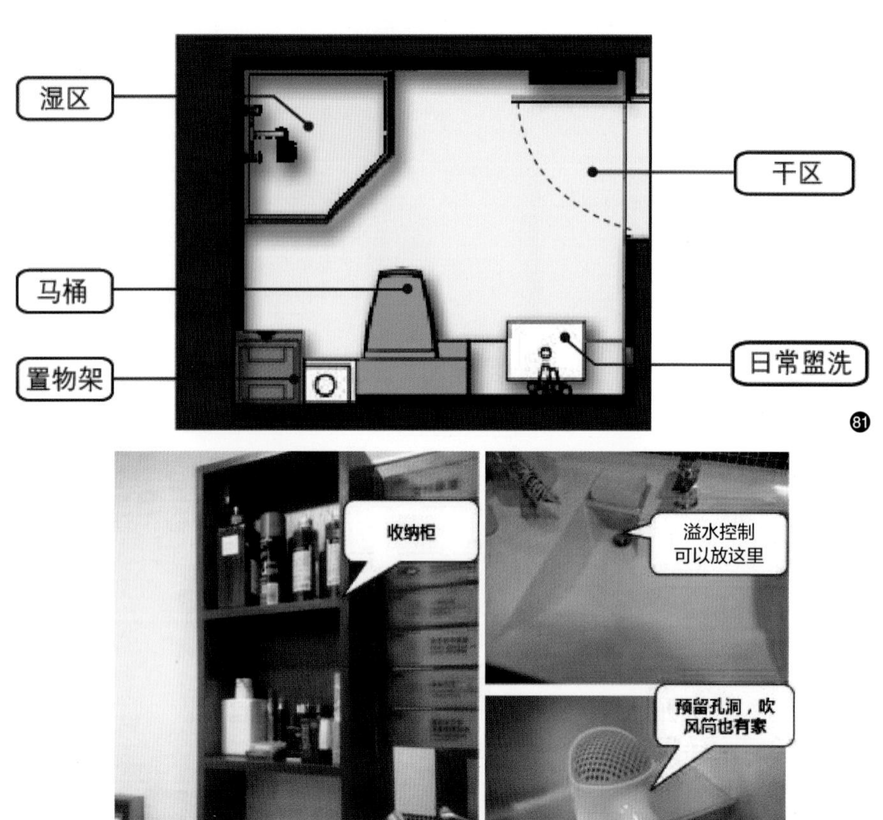

81 卫生间功能分析图
82 卫生间功能
83 长隆度假酒店的软装
84 长隆度假酒店的公共空间
85 酒店大堂功能分析图

二、公共空间

公共空间是指满足人类聚会、集会、互相交流学习、娱乐等需要的公共场所，如影剧院、会议中心、教学大厅、酒店等等建筑空间的公共部分。在这类的空间里都会有一些重点的软装艺术品，如设立一些大型的雕塑、绘画等艺术品。在大型酒店的大堂常常用整幅墙面做文章，选用的题材和材料质地可以各种各样。比如某酒店的大厅就选用了具有广东传统特色的潮州木雕来作为背景墙。

小贴士

公共空间的艺术装饰受到越来越多人的重视，此空间的装饰品不仅仅可以是雕塑也可以是带有互动形式的新媒介作品、多种功能展示的一些形式等。

这些部位的装饰因为其地位的重要性，要选择有分量、视觉冲击力强的软装艺术品来装饰，还可以与地面或空中的软装品遥相呼应，塑造好整体的装饰效果，成为整个环境的视觉中心。

因为公共空间的独特性，软装设计还要照顾到大多数人的观感，所以在公共空间中的软装艺术品要简洁、醒目、大方、讲究气势，并符合大多数人的爱好（图83、图84）。

1. 酒店大堂功能分析

酒店大堂是宾馆前端服务的重点，为宾客提供接待、信息、预订票、结账、兑换货币或商业办公等综合性服务。酒店大堂也是通往酒店各个空间、客房的主要通道，可以说是很重要的交通枢纽。大堂是一个酒店服务的前奏，是宾客对酒店形成第一印象的重要场所。大堂的软装设计往往反映着酒店的总体设计风格。它的家具、软装饰品等应与它的总体风格相一致，也要注意各个功能区域的分区要明确，交通导向和路线要清晰，在消防要求上要便于人流疏散和达到防火要求。大堂常见的软装功能如下：

总服务台：服务台、台面装饰插花或其他装饰、房间控制系统、资料架、电脑、保险柜、办公用品。总服务台背景装饰特别重要，传统的做法是放各个国家或城市的钟表，以显示各个时区；也有很多酒店用画来代替，这些画经常有着极强的装饰效果，引人注目（图85-图87）。

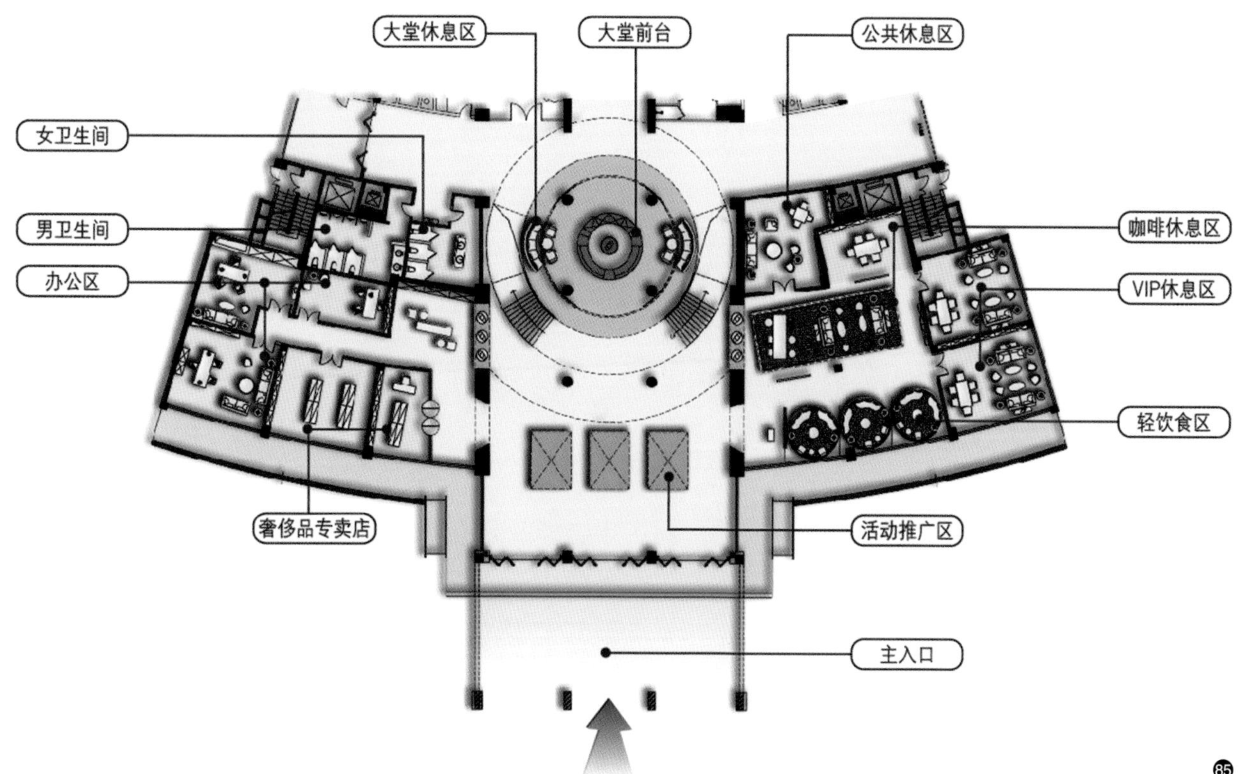

86 酒店大堂总服务台
87 酒店大堂总服务台
88 花园酒店大堂插花
89 花园酒店大堂插花
90 博物馆功能分析图

休息区、茶座、咖啡区：此类区域主要为短暂在大堂停留的宾客提供休息之用，最好独立成区，不影响大堂的交通。

业务区域：宣传资料或指示标牌等。

钢琴、古玩、雕塑、大型插花等其他软装饰品：它们的位置可以是大堂的视觉或装饰趣味中心。如图 88、图 89 是广州花园酒店大堂 2016 年母亲节专题的大型插花，用表达母爱的康乃馨、绣球花、水晶挂饰等装饰在具有广州特色的大方几上，墙面上的金线壁画与之呼应，令人赏心悦目。

2. 博物馆功能分析

博物馆大堂是一个博物馆独特个性的一部分表现（图 90），整体的感觉也是很多参观者能贴心感受到的。大厅的功能一般包括服务站、导引区、志愿者岗位等功能，人流量比较大的博物馆经常还设有医疗卫生防护站，以及一些人性化的设计。此类大型公共空间软装的基本设计要求符合大部分人的观感和体会。比如图 91 主要是在灰、白等中性色的基础上突出指示区域的醒目颜色，它的装饰雕塑体现了广东省民间建筑的特色。

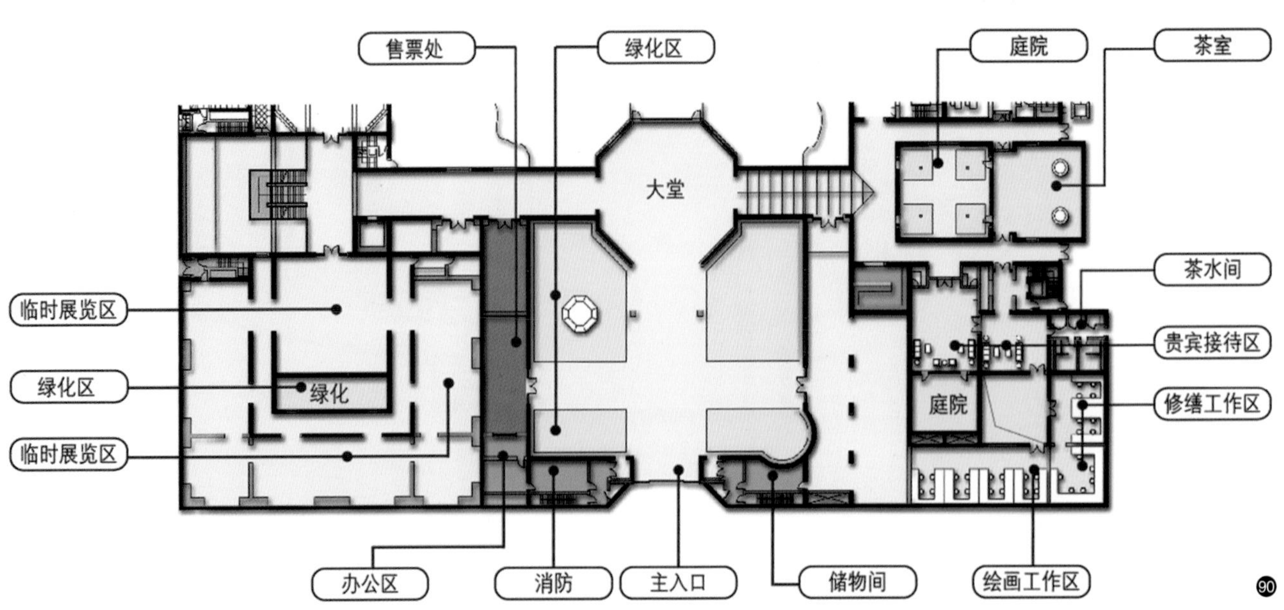

90

91 广东省博物馆
92 阿迪达斯专卖店
93 财富天地广场公共空间软装

三、商业空间

商业空间主要是满足人们买卖商品和体验商品需求的空间，如大型商场、自选超市、百货店、金店、药店、服装店等购物环境。商业空间的功能基本上包括了买、卖、展示、试穿或体验等环节。在这类环境布置软装时一定要“突出商品”，可以利用所售商品模拟生活场景的实态，来吸引消费者的购买，从而达到促进销售的目的。

现代的商业空间特别重视软装设计和陈列，在这类空间的设计中，我们首先要考虑展示商品，促进商品的销售；其次考虑商品的品质，如高档成衣专卖店的身份、地位等，钻石珠宝店饰品的高贵、华丽、精致，比如意大利的某品牌在我国的旗舰店为了突出所售成衣的高档性，其店面设计从装修到软装都精益求精，把它的展示空间塑造成展示该品牌服装的神圣的殿堂；再者，我们要考虑突出商品的品牌形象，商品的品牌形象反映的是其背后的企业形象，企业形象的好坏直接影响到以后的销售业绩和公司的长远发展。像阿迪达斯的专卖店将墙面装饰和企业的标志有机地结合起来，使其企业形象多方位地展示出来（图 92）。所以，现在很多商业空间都有自己专业的软装设计师来负责设计、制作、摆放。也有很多大型商业中心空间的软装凸显品牌的理念，结合当代的装置艺术品设计，为商业空间增添新意，令消费者享受非凡的购物体验。图 93 是笔者为某大型商场的公共空间设计的当代艺术作品，用于活跃该空间气氛，达到提升消费体验的目的。

1. 服装专卖店功能分析

服装店的功能基本上就是展示服装，为了达到更好的销售与体验，会设置橱窗、接待收银台、展示柜、展示架、衣架、流水台、试衣间、广告区域等。这些功能通常要求一环扣一环地完成，比如消费者因为橱窗的吸引进入专卖店，看到货架的当年最新款，心动，试衣服，到收银台购买；出店门时被流水台上的特价款吸引，照镜观赏斟酌，购买。通常店家为了吸引顾客在店面多停留，会花费很多功夫去做软装展示的设计（图 94- 图 96）。

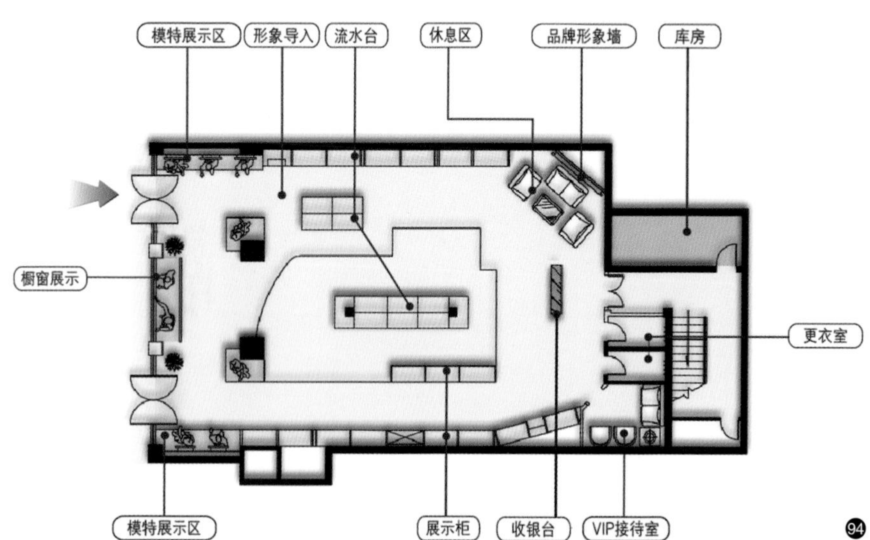

94 服装店功能分析图

95 服装店的软装饰

96 服装店的软装饰

2. 售楼部功能分析

售楼部的功能包括：展示前台、沙盘模型、洽谈区、收银台等其他的具体事务办理区域。如图 97 是俊文雅苑售楼部功能分析图。俊文雅苑售楼部位于广州市城中心的文明路，是广州两千多年商都的核心位置，它临街的位置非常有限，售楼部是一个狭长的区域。为了在这个狭长的区域内吸引消费者，进而达到成交的目的，我们在做室内设计之初就开始和该楼盘的营销团队进行了充分的沟通。该楼盘和街道亲近的部分不多，怎么吸引人走进来呢？于是在建筑外立面开始设计制作了挑空的大雨棚，醒目的红色，不怕没人看到。进来之后就是饱含热情的接待前台，我们的前台虽然简洁单纯，但我们放置的插花可是内有乾坤！如图 98，这是我们当时专门设计的插花作品，竹篮子作为背景，中国特色的牡丹，还有一朵朵醒目的花像小鸟一样展翅高飞。在过渡位置我们利用两侧对称高大的柱子做了一个故事展示盒，把地处文明路的历史文化用雕塑的形式娓娓道来。通透的铂金石做的太湖石的造型，东边的是东山少爷，西边的是西关小姐。图 100 以一种岭南文化表现，用太湖石的造型以现代技术打造出外貌俊秀沉浑、晶莹剔透的西关小姐和东山少爷，突现该楼盘的核心地理位置。

97 售楼部功能分析图

98 入口插花

99 雕塑装饰

100 东山少爷、西关小姐铂金石雕塑

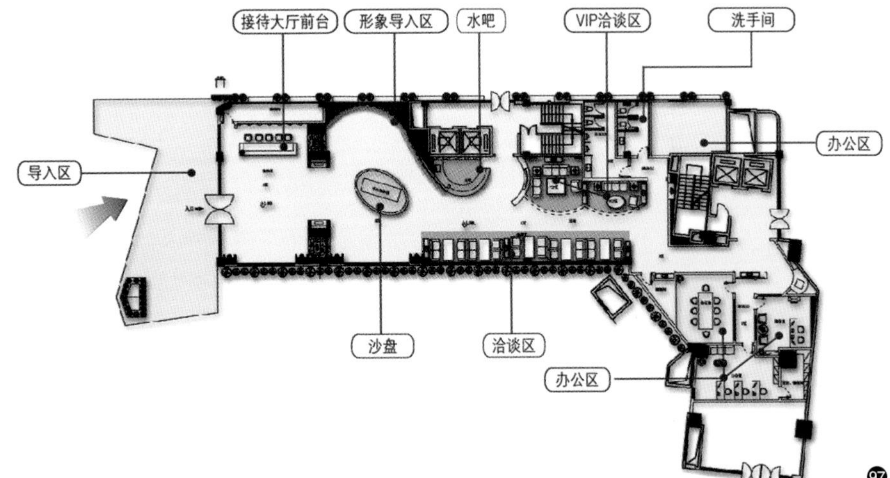

3. 餐饮空间功能分析

不同民族、地域的人们因为生活方式、宗教、风俗习惯等不同，形成了不同的饮食文化，对餐饮空间的要求也不同。餐饮空间的分区有：接待区、就餐区、烹饪区等，这几个区域的大小比例因为经营方式的不同会有很大的变化，如图102是两种不同功能的餐饮空间软装氛围。根据餐厅的经营方式，餐饮空间可以分为：快餐厅、宴会厅、酒吧、咖啡馆等，其软装也因为在不同的餐饮空间，氛围有很大的不同。例如：宴会厅的软装设计就要体现富丽、华贵、明亮、热烈的氛围；快餐厅的软装设计就要反映“快”字，用简洁的色块、明快的线条来突出热烈的环境氛围。在中国，“民以食为天”，如何在就餐的环境里既能满足口腹，又能让视觉得到愉悦，这就对就餐的环境的格调提出了要求。近几年我国的餐饮业发展得非常快，就餐的地方也越来越漂亮了。比如图103是珠海长隆的亲子餐厅和下午茶餐厅，图104是索菲特维也纳斯蒂芬斯顿酒店在顶楼的一间餐厅，基础装饰部分是大量的灰色，但在天花上装饰了壮观、温暖的大自然景色，等灯光打开一定美不可言。

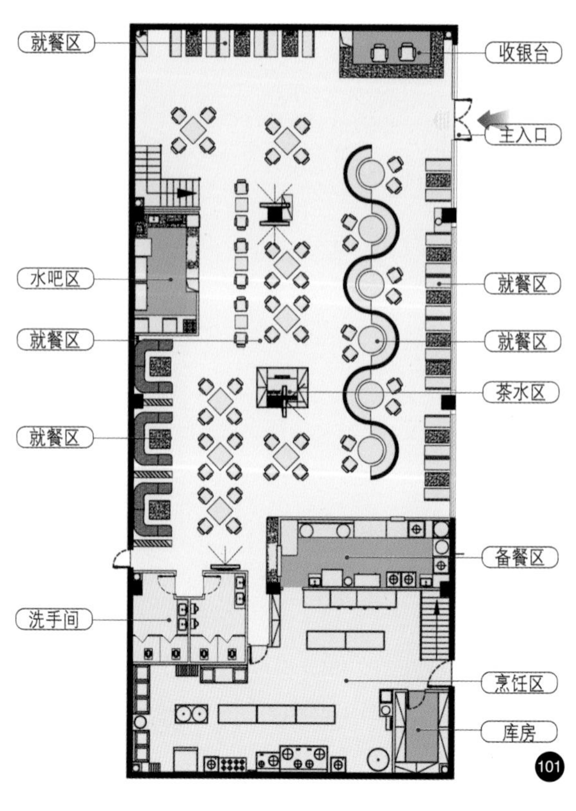

101 餐饮空间功能分析图

102 不同的餐厅氛围

103 珠海长隆的亲子餐厅和下午茶餐厅

104 索菲特维也纳斯蒂芬斯顿酒店

4. 苹果专卖店功能分析

苹果专卖店从开办以来就一直是该公司最为成功的一项零售业务。苹果专卖店中每一寸空间的盈利能力都超过了全美其他任何一家零售企业。应该说，苹果专卖店之所以获得如此巨大的成功同成功的店面设计是密不可分的。从内部来看，每一个苹果专卖店看起来都大同小异，但每一座苹果专卖店却又能给人不一样的感觉。据悉，苹果已经在 2013 年为自己的专卖店内部布局申请了专利。图 105 是笔者根据大部分苹果专卖店的功能所做的功能分析图，图 106 是纽约第五大街的苹果旗舰店，其门口耸立着梦幻般的玻璃立方体，我们可以看到透着夜色飘浮在空中的苹果标志。

这家超豪华的零售店位于地下一层，大门就是广场上的玻璃立方体，通过一条 9.8m 的玻璃通道直接连接旋转玻璃楼梯。商店内的装饰非常“苹果”，最典型的当然是木质桌台，总的来说非常梦幻。苹果店的功能包括了展示形象和商品、接待这两大功能，开创了完全开放式的展示体验商品的销售模式。展示区的桌子是特殊定制，看着简单利落，实际所有的接线盒、开关等都在下面隐藏。大部分的苹果店都有一个超梦幻的几乎全是玻璃做的旋转楼梯，这个楼梯是乔布斯为了体现苹果的企业精神专门找建筑大师进行设计的，为了体现一种超现实的感觉。总体来说，苹果店这种简明宜人的环境和它的产品一样创造了销售史上的一个奇迹。

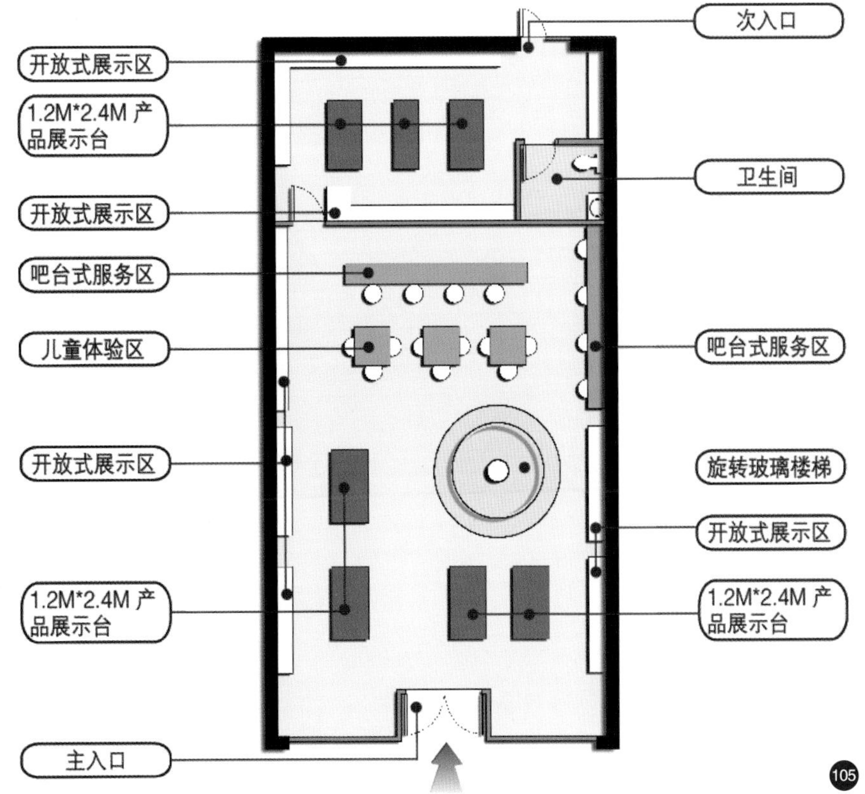

105 苹果专卖店功能分析图

106 纽约第五大街的苹果旗舰店

四、办公空间

都市里的工作节奏日益加快，人们待在办公室里的时间也许比待在家里的时间还要多些。如果说居住类空间是温暖的、亲情的、具有休息与放松氛围的，那么办公类空间则是高效率、竞争性、级别分明的，是理性的工作场所。办公类空间从属性上可分为行政性办公空间、商业性办公空间、综合性整体办公楼等类型，其空间形态可概括为四大类：蜂巢型、密室型、小组型及俱乐部型。企业和部门的工作特性对办公类空间的设计风格起决定作用。

办公空间室内软装设计的最大目标就是要为工作人员创造一个舒适、方便、卫生、安全、高效的工作环境，以便更大限度地提高员工的工作效率，并建立一种人与人、人与工作的融洽氛围；还要考虑方便办公和展示公司企业形象的精神、审美情趣等，给来宾以信心，使之相信公司的实力和品位。在办公空间里的软装艺术品要少而精，一般以能体现公司精神的雕塑、绘画、工艺品等作为空间的主要软装饰品（图 107- 图 109）。

小贴士

办公区的功能：接待处、办公室、会议室。

107 中国家具协会的办公空间

108 办公空间软装 潘力设计

109 办公空间软装 潘力设计

按照使用的性质来分，办公空间基本有以下空间：接待处、办公区域、会议室。

接待处：接待处是整个办公空间的序曲，对企业形象起着重要的脸面宣传作用。一般处在办公区域的最前端，主墙面多设置企业的标志和名称、精神标语等，接待前台的设计造型要求新颖、符合企业形象。接待前台除了满足接待人员的办公需要外，还可以提供各类表格、公司企业形象手册等宣传品，来反映企业文化，也使来访者方便了解公司。在接待处的等候区常设沙发或座椅，加上插花或绿化，形成一个生机勃勃的空间环境。

110 笔者设计的信诺安公司的接待处

111 几款公司接待处

112 笔者设计的 SOHO 分析图

图 110 是信诺安公司的接待处，由于该公司主要业务是科技网络的应用，所以它的设计整体色调以浅色系列为主题。坐落在背景板前的接待前台设计为时尚现代简洁的设计，正面背景板加上立体的公司标志在射灯的照射下非常醒目。旁边的休息区，有同样简洁的造型。充满未来感的椅子加上立体茶几及绿化，构成了新颖有趣的等候区域。

办公区域是办公室设计主要的使用操作区域，一般以隔断、办公桌、椅子、书橱或文件柜等工业化的办公产品为主来布置。为了提高办公的效率，这些产品的造型最好简单、使用方便，布局紧凑，室内软装的东西不需要太多，软装饰品通常围绕着公司的企业形象和经营范围设置。会议室通常也是一个公司的主要形象区域，可以有多种会议桌椅的排列方式，以方便人们交流商讨。注意灯光、声学方面的要求。

- **SOHO 分析图**（图 112）

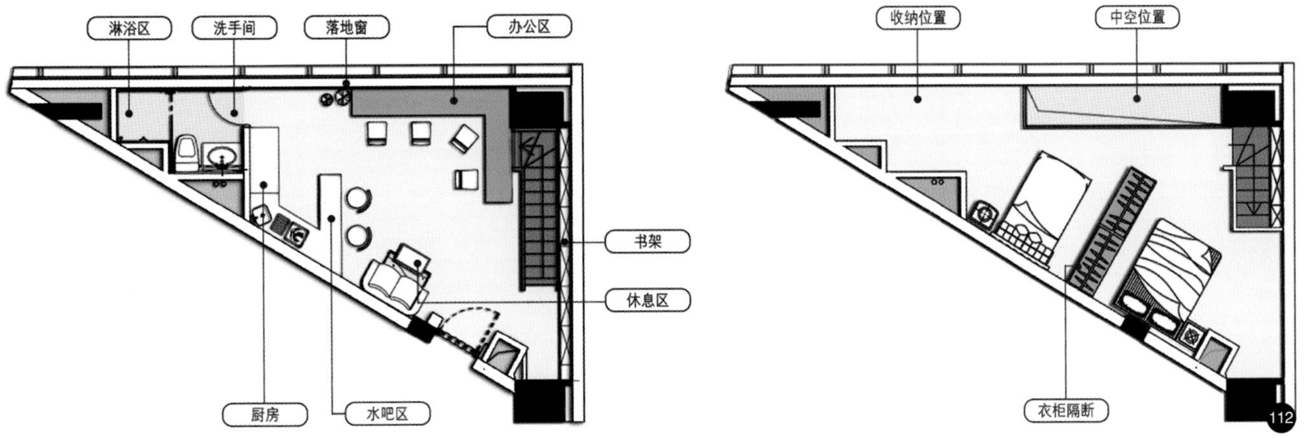

- 金融公司办公分析图（图 113）

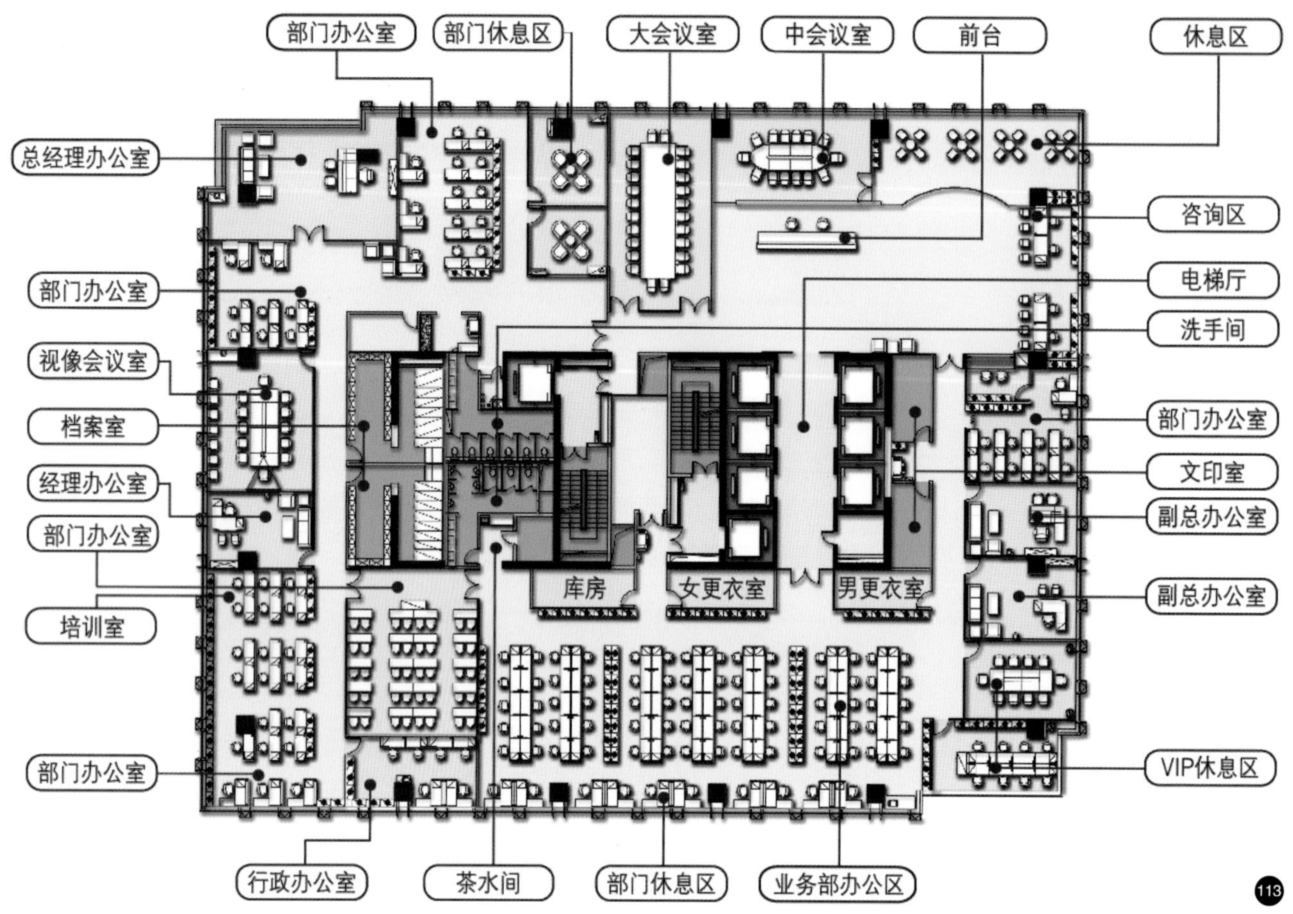

113 金融公司办公分析图

课堂思考

1. 各类空间软装设计的重点。

2. 同学们之间的游戏设计：挑一个比较熟悉要好的同学，互相为对方设计书房或卧室，把室内主要的功能家具都列出，用各种方式表现都可以。然后和同学互为对方打分，看双方的契合程度有多高（这个游戏可以隔一年与同一位同学继续玩，达到对方满意度高者胜）。

Chapter 4

软装设计的程序

软装设计的程序不外乎项目接洽、设计概念的提出和设计表现，最后就是设计的实施和施工。本章重点采用一些实际案例来说明设计概念和设计表现部分，从设计平面图到概念草图，通过多种方式来展示软装设计的整体概念。

学习目标

通过对实际案例的分析，深入透彻地了解软装设计的整体程序，以及用更好的方式去表现自己的设计概念。

学习重点

掌握软装设计的程序和具体操作表现。

软装设计项目通常分为以下阶段：一、项目的接洽；二、设计概念的提出和设计表现；第三阶段就是设计的实施和施工（图 114、图 115）。软装设计的设计程序和这几个阶段紧密相连，具体程序如下：

一、项目来源

在软装公司里项目的来源通常有几种途径：首先业务量比较大的是商业公共空间的日常维护软装，其次是配合室内设计公司所做的软装设计，当然也有一些住宅业主的委托，最后是一些房地产公司的直接委托。不同的项目我们在具体的设计操作上会有所不同。

114 软装饰品的多样性

115 带有装饰花纹的室内软装

1. 任务书

任务书是确定我们软装设计的纲领性文件，任务书可以对软装设计提出具体要求，对设计任务提出具体描述，对设计的限制条件提出具体说明，并对设计的成果和设计评价标准作出说明。我们最好要求甲方提供书面的软装设计任务书，因为任务书里面设计要求越详细对工作越有帮助，同时也会方便我们设计师的执行。 一般的任务书应该包括：设计目标、设计对象、设计内容、设计选址范围、设计的限制条件、设计的最终成果、时间的节点规划和最后评价的标准。当然最好有详尽的经济方面的投入规划，这样在设计的时候更方便执行与实施。

任务书的形式有很多种，大部分甲方的设计要求是很模糊、很概念化的，甚至有时甲方的要求会与我们的设计方向有所背离，这就需要我们沟通解决，帮助甲方理清思路，并不能一味地按照甲方的书面要求盲目执行。沟通的方法可以是书面的函告形式、会议纪要形式（需要将每次纪要报甲方备案），也可以是口头的交流。这些都需要操作者的经验和与甲方沟通的技巧。比如某楼盘项目的设计要求是一首意境深远的诗，它的具体要求就是最后软装塑造的空间达到这首诗的意境。

□□ 项目设计任务书

一、项目概况

1、项目名称：　　　　　　　　　　项目地点：

2、项目类别：　　　　　　　　　　项目面积：

3、甲方执行负责人：　　　　　　　联系电话：

4、乙方项目负责人：　　　　　　　联系电话：

5、硬装负责人：　　　　　　　　　联系电话：

二、设计要求

1、业主情况：　男 □　女 □　国别　宗教信仰　职业　家庭情况

　企业情况：　私企 □　国企 □　国别　经营范围　形象状况

2、预计投入预算：分___期进行

3、设计定位：______________________________

空间用途：______________________________

风格：中式 □　东南亚 □　现代 □　欧式 □　新古典 □　混搭 □

4、设计进度计划

各个项目设计施工完成时间：____________________

三、设计成果

1、设计图册 □

2、效果图 □

3、配色方案设计 □

4、软装材料表（采购清单）□

某房地产项目甲方设计要求文案

房地产项目甲方：

我们在寻求一种新的设计，能够和人性本身连接、同时又要有创新，设计中既重视东方韵味的精神场所的营造，同时又糅合西方对简约生活空间的追求，实现“诗意”、“优雅”、“休闲”的统一。

软装希望可以采用沉稳且内涵丰富的家具与饰品，各样板间具有丰富层次的木色运用，使其倍具文人气质，体现新中式的人文文化。在展示样板的材质上，尽量使用简朴、自然的材料；造型上，摒弃过多的修饰，去繁存简。力求用质朴、自然的手法来诠释新中式的生活方式。

各种微妙色调的运用也是针对每种户型所特有的消费者，让每个空间都和谐地融入天光里、大海间、自然里，所有的这一切人文气质的符号能够把度假、养生、生态、自然发挥得淋漓尽致，让人的身心愉悦，放松宁静。

我们所做的不只是创造美，更是创造一种生活方式，引导人们诗意悠然地生活。我们不能对物质予取予求，唯愿可以追求健康与精神食粮的饱满和富足。在齐瓦颂，与君共享最美妙的时光。

愉悦 心安 平衡 东方美学 修身养性

小贴士

软装设计和工程的施工有一定的特殊性，但和其他的商业合同一样，整体要谨慎严谨，在公平合理的基础上签订，因此在合同的拟定时尽量请专业律师审核。

2. 合同拟定与签署

合同的拟定和执行是具体到商业层面上的操作，但双方的责任一定要厘清，具体内容可以用附加条款来约束。可以参考以下软装合同：

某某地产样板房软装工程合同

编 号：

项目名称：XXXXXXXXXXXXX 样板房软装工程

委托人：XXXXXXXXX 房地产有限公司（软装甲方）

受托人：XXXXXXXXXXXX 软装工程有限公司（下称乙方）

兹有甲方委托乙方承担 XXXXXXX 样板房软装工程项目室内装饰软装设计、定制、采购、摆放工作，经双方协商一致签订本合同如下：

第一条 工程地点：XXXXXXXXXXXXXXXXXXX

第二条 工程项目：XXXXXXXX 样板房软装工程

第三条 工程内容（详细见附件）

1. 家具

2. 装饰灯具

3. 饰品、饰画、地毯、窗帘、绿植等

第四条 工期

1. 采购及定制阶段：合同签订，乙方收到甲方的预付款后，30 个工作日内完成所有采购及定制工作。

2. 安装摆放阶段：采购及定制阶段完成后，乙方在甲方现场所有硬装施工全部完成并清洁完毕后两天内，到达现场完成安装、摆放工作。

3. 完工日期：XXXX 年 XX 月 XX 日前。

第五条 工程费用

本项目工程费用总计（大写）：人民币 X 万 X 仟元整（小写）：¥XXXXX 元（报价明细见附件）

该工程费用中已包含：

① 设计（或设计费另计）

② 管理、采购成本费（取费标准为 10%—20%）

③ 税金

第六条 费用给付进度

1. 本合同签订之日起三天内，甲方预付费用总金额的 80%，即人民币 ¥XXXXX 元。

2. 摆放安装工作完成并于同一天双方交接验收，验收通过后，甲方在 15 个工作日内付清余款 17%，即人民币 ¥XXXXX 元。

3. 合同总价的 3% 作为质量保证金，即人民币 ¥XXXXX 元，在保修期满后半年的工作日内。

第七条 货物接收及摆放过程配合

一、货物接收存放

1. 乙方采购货物到达项目所在地，甲方协助乙方安排接收和运输货物。

2. 甲方严格按照货单上的件数点收，并按箱上的户型代码进行分类摆放（如果箱上有易碎和勿压标签，请不要压住看不见；如上面有画箭头的，请按箭头方向放）。

3. 甲方提供离施工现场最近的场地将货品安全存放，待乙方到达现场时，再进行拆箱。

4. 乙方在收到甲方现场硬装施工已全部完毕且所有施工人员全部退场并清洁干净的确认函后，到达现场进行摆放工作（包括铝合金窗、工程灯、开关面板、木地板、空调等所有硬装施工完毕）。

二、甲方在乙方摆放过程中的配合

1. 须确保所有无关人员全部清离现场，且在摆放的过程中禁止非工作人员进出。

2. 负责安排搬运工人、开箱工人做搬运、开箱等工作。

3. 负责安排木工、电工在现场协助乙方顺利进行安装摆放工作。

4. 负责安排保洁工在摆放过程中随时跟随配饰人员清洁物品、环境的卫生。

5. 所有工人在工作中不得擅自离开自己的工作岗位，除非征得乙方配饰人员同意。

6. 甲方派一个相关主要负责人跟进摆放的整个过程，协助乙方处理一些突发事件。

第八条 甲方责任及权利

1. 甲方应按本合同第六条规定的金额和时间支付进度款，甲方延迟支付费用应按日未付额的千分之一支付乙方违约金。

2. 甲方需派一名主要负责人跟踪项目整个过程，直到项目结束付清尾款；若该负责人因特殊原因不能跟踪到底而需换其他人接替时，甲方应书面通知乙方，并负责督促前负责人清晰交接该项目整个细节给下一负责人。

3. 如因甲方原因导致工程不能如期完成，乙方不承担任何责任。

4. 本合同生效后，甲方无正当理由提出中止或解除合同，应赔偿乙方损失，并承担本工程总价款 10%的违约金，乙方不退还已付款。

5. 配饰现场开放期间，甲方应负责保护好软装工程成果，如有人为损坏，乙方应协助更新，甲方承担相关费用。

第九条 乙方责任及权利

1. 如甲方未及时支付进度款，乙方有权向后顺延工作进度，顺延时间不计入本合同约定的工期内，如超过合同规定时间 5 天以上，乙方有权停止相关工作并重新确定工作周期；乙方在收到甲方支付后，延迟到货应按日未付额的千分之一支付甲方违约金。

2. 本合同生效后，乙方无正当理由解除合同，应退还甲方上一阶段已付款并承担本工程总价款 10%的违约金，并赔偿一切给甲方造成的损失。

3. 乙方提供的软装物品如存在质量问题，应无偿更新，并承担相关费用。

4. 因遇不可抗力之因素而造成延迟的，乙方不承担责任。

5. 因甲方在确认方案报价后要求变更而造成延迟的，乙方不承担责任。

6. 因家具及饰品乃为美观认知，如涉及此项部分问题甲乙双方出现争议的，乙方应与甲方协商，并满足甲方的意图选购家具与饰品。

第十条 质量保证及验收

1. 双方按约定的要求内容（甲方确认的方案、设计图等）作为验收依据，不排除部分软装品因市场因素和现场原因在采购和现场摆放时进行合理调整，但应取得甲方同意；装饰效果以甲方确认为准，如乙方对甲方看法有不同意见，应尽力协调，并作适当调整，变更完善。

2. 甲方在乙方摆放完毕后进行交接，甲方在 7 天内无正当理由不进行验收的，视同验收合格。

3. 乙方承诺质量保证期为半年。

第十一条 其他事项

1. 本协议在履行过程中发生纠纷，甲、乙方应及时协商解决。协商不成时，可向当地人民法院起诉。

2. 本协议未尽事宜，双方可签订补充协议作为附件，补充协议与本合同具有同等效力。

3. 本合同于双方履行完毕各自义务后自动终止。

4. 本合约书一式 6 份，甲方持 4 份，乙方持 2 份，具有同等法律效力。

甲 方：XXXXXXXXXXXXX 房地产有限公司	乙 方：XXXXXXXXXX 软装工程有限公司
法定代表人：	法定代表人：
地 址：	地 址：
日 期：年 月 日	日 期：年 月 日

二、设计的开始

1. 设计概念的来源

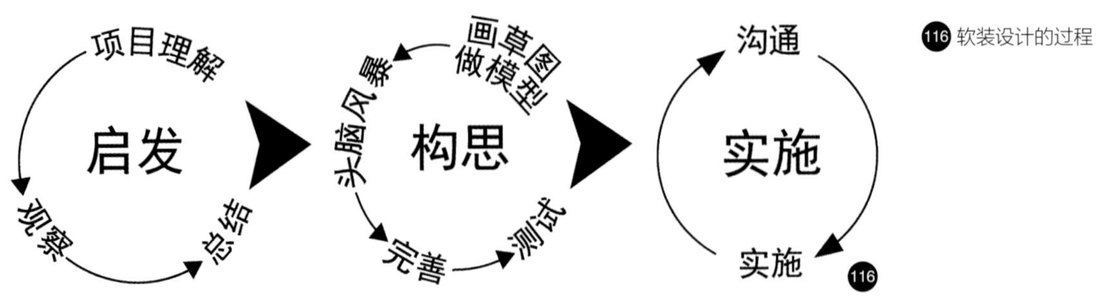

116 软装设计的过程

引自斯坦福大学设计思维内容

设计概念的来源主要依据这三个部分：1. 甲方要求，2. 消费者需求，3. 品牌诉求。实地的勘测和甲方的设计要求是我们概念来源的主要依据。

勘测，顾名思义，就是勘察和测量。室内空间的生命力就在于人的存在和人的生活行为，作为室内软装的勘察是设计师和室内空间的一次对话：室内的空间大小、结构细节、建筑材料、日照气候等都是设计师要用心揣摩的内容。在现场测量要设计软装的占地面积、观察使用者的人流方向和规律、行为嗜好等，在勘测时要标识出来。对于室内的建筑结构我们量好室内的具体尺寸，条件允许的话最好有照相机和摄像机来作为勘测的资料补充手段（图 117）。

小贴士

设计思维的过程主要为：

观察（Observe）：这一阶段是由 need finding 为主，设计师去观察用户行为习惯及环境，从用户中来到用户中去，观察用户并设身处地地理解用户。方式可以为观察或对话、访谈、亲身体验等。

理解（Understand）：将通过观察收集来的数据进行分析，利用设计师或分析师对用户行为和心理的敏锐洞察能力，深入理解用户的目标、深层动机、行为、想法、态度和价值观等。

定位（Position）：定位好目标人群和环境。

定义（Define）：为该问题定义一个观点，作为设计指导观点。

概念设想（Ideate）：通过头脑风暴、情景模拟等多种方式想出新点子，这个阶段可以引入多学科背景人员参与。

思维可视化（Visualization）：用脑图、草图、效果图、故事版、人物模型、产品三维建模等多种方式将设计想法可视化。

方案评估（Blue print evaluating）：从技术、商业、文化等多维度对设计可行性进行评估，并引入目标用户进行测试，用来筛选方案、调整方案或重新设计。

原型制作（Prototype）：将想法实物化，在不同阶段可采取不同清晰度的原型。早期可以做草模或功能原型给用户使用测试，中后期可制作更为完整，细节更加丰富的原型。

117 测绘工具
118 就餐空间
119 洽谈空间

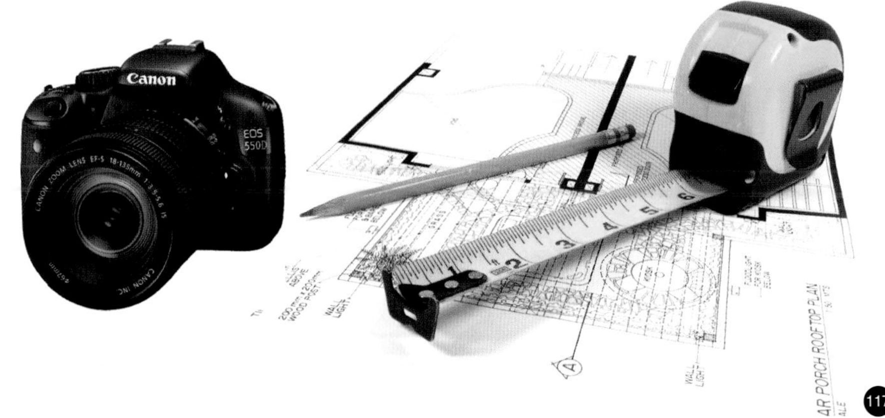

甲方所提出的设计要求通常也是我们所说的空间性质，空间性质是指需要考虑设计的空间的特性是什么，是做什么用的空间，所涵盖的功能是什么？在每个空间里，在六个界面装修不变的情况下，仅根据家具等软装品选择的类别、围合形式的不同就会产生不同的空间性质。比如，同一个 3×3m 的空间，如果选择沙发和茶几就会营造出会客、交谈的空间性质；如果选择餐桌和餐椅就会营造出就餐空间；如果摆放办公桌和转椅就形成了办公空间。这只是利用大件的家具来形成空间性质的变化，还可利用其他小件的软装物品来改变（图 118、图 119）。

空间性质的改变事实上需要研究人在该空间活动的行为本身的生理需求和心理需求。我们常说以人为本，在软装设计上就特别需要加以强调。因为所选择的每件物品和使用者都是近距离的接触，有的是需要视觉接触，有的是触觉接触。虽然每件所选择的产品或是艺术作品都经过相关设计师“以人为本”的设计，但是空间的组合关系是由我们软装设计师来控制的。就如同拍摄电影时的导演一样，每个演员都是精挑细选的，当大家进行对手戏时对于整体操控就需要把握，所以还需要了解人的行为与空间、与各物品之间的关系。

设计概念的来源主要依据客户要求和设计师的灵感。甲方的需求及所要达到的目标是我们设计的主要根据，在此基础上软装设计师从相应空间的使用要求、与室内设计风格相协调软装品的搜集等几个方面因素来进行判断，各种各样的信息不断地跳跃，最后在设计师的头脑中形成明晰的概念，这些概念始终来源于观察思考和量的积累。在与客户深入的交流探讨之后就可以确定概念，明确以后的工作。

另外就是甲方品牌的形象诉求，比如一个美容院采用一种新古典的设计风格，这种风格也符合大部分来消费的人群的诉求定位，因为软装设计风格是代表一种时代潮流的室内物品形态、布置摆放形式的一种样式和语言。我们要熟知各种设计风格的特点、形式原因，这样便于得心应手地操控。了解各种设计风格的细节、形式的特点，这确实是事半功倍的软装设计工作方法（图120–图123）。

120 美容院设计风格的演绎
121 美容院设计风格的演绎
122 美容院设计风格的演绎
123 独特餐饮空间的品牌形象

120

121

122

123

2. 设计策略面面观

软装设计中设计策略与其他类型的设计项目一样要寻找设计内在的规律，这种规律最主要的就是理解与了解消费者，对他们的需求要充分了解，然后做出比消费者（使用者）需要的更好的设计。那么怎么获得消费者的需求呢？这个需要几个方面的配合：设计师的亲自调查，设计空间的感受以及与使用者的交谈等等，这些都能帮助设计者获得准确的需求信息，将使用者的内在要求可视化、信息化、数据量化，获得最真实的设计依据（图 124）。

124 设计程序与策略

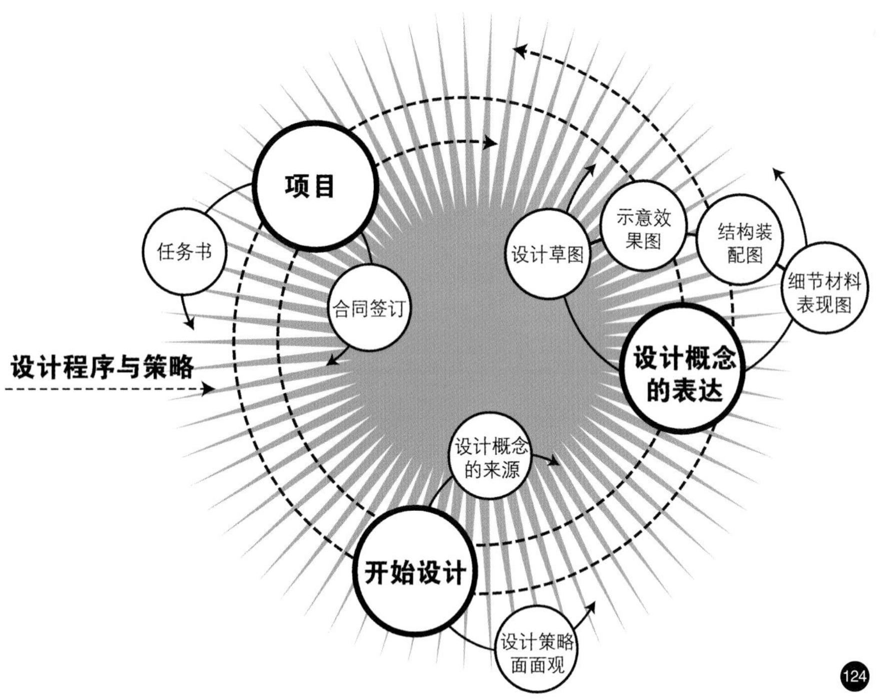

设计策略就是解决问题

此次软装设计的目的是什么？要解决什么样的问题？软装设计的过程中一定要不断地问自己这个问题，提炼主要的关键词，贴在醒目的位置来提醒设计师：不要在凡庸的事物中忘掉最初的根源、不要在软装设计的深入中迷失设计的方向（软装设计细小物件的统筹是一个非常考验人的工作，如图 125）。

（1）独立思考，勇于行动。

（2）看问题的本身，搞清楚问题背后的各种因素。

（3）发散思维、广泛考虑软装设计对策的各种可能性，在其中优选，作出假设和分析，核对实际项目的问题，得出最优化的软装设计思路。

（4）掌握软装设计的基本流程，把大的目标设计成阶段性的小目标，一步步地去设计实现。

（5）软装设计的策略流程：首先是作基本的市场分析，在商业软装中一定要首先了解和分析竞争对手，然后是对自身的分析，从自身的优、劣势等方面来找设计的出发点，接着是对目标消费者的分析和了解；前面的这几项了解也是我们设计灵感来源的出发点，然后就可以进入设计的展现部分了，整体氛围要达到意境的描述，设计细节的处处呈现；最后到软装设计的整体实施，更要注意软装细节的落实和对完美的追求（图 126）。

125 软装设计细节

126 SWOT图

三、设计概念的表达

设计概念最终确定后，提出的方式大致可以分为以下几种：

1. 软装手绘草图

软装手绘草图是一种非常实用并有说服力的设计工具，对软装设计的探索和交流很有帮助。作为设计决策的重要组成部分，软装手绘草图常常在设计的初期阶段和与甲方的沟通阶段使用。在设计概念的研究和探索阶段我们利用草图将软装品在空间中的关系表现出来，非常便于我们在设计过程中的头脑风暴或概念展示。软装手绘草图需要表现基本的空间造型、结构、阴影或投射灯原理，还要考虑材料、肌理、色彩表现等，再加上文字、实物图片的指示作用，清晰地表达设计意念，它是最快速表达设计意念和与甲方沟通时最便利的交流方法（图 127–图 129）。当然现在手绘草图可以有多种选择：纸张、数位板以及绘图软件都可以有效地表达。平时多做一些手绘的练习也可以提高我们对软装的理解力、想象力和整体造型的表达能力（图 130）。

127 手绘中色彩的快速表现 作者：张心

128 手绘中色彩的快速表现 作者：张心

129 手绘空间造型的快速表现 作者：么冰儒

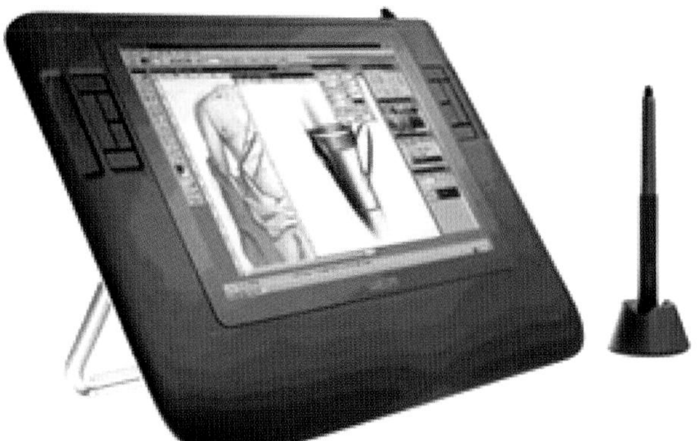

130 各种手绘表达工具

2. 示意效果图

效果图通常从视觉和材料上共同表达产品创意和设计概念，有些甲方习惯了看到设计方案像照片一样的效果，或有比较重要的场所空间时，设计师也会提供一些制作非常逼真的效果图来表现。这需要花费大量的时间来建模渲染效果。

做软装效果图也可以用草图大师软件把主要的空间架构显示出来，然后把陈设品放置在相应的位置，效果直观，特别是总体的空间感比较好（图 131、图 132）。

131 草图大师做的室内软装架构表达

132 乔国玲、林小凤设计的商场软装空间

小贴士

软装设计的资料库

http://www.cool-de.com/portal.php

http://www.wlgou.com/store/147/category/1886.html

http://www.collection.com.tw/index.php

http://www.empirefnt.com/brand/index.aspx

在确认相应的设计风格后，根据空间类型、空间性质、设计对空间的整体构思挑选相应的参考图片排版成图版向甲方汇报、交流，这是现在我们经常采用的方法。由于图片反映物品的真实效果，甲方很容易辨识相应的内容，可以直观地感受到设计师的意图，能比较准确地理解设计理念，对于方案的确认有很大的帮助。这也要求我们要有大量的素材库，特别是家具、灯具和饰品类（图 133- 图 135）。

133 餐饮空间的效果图 陈游东设计

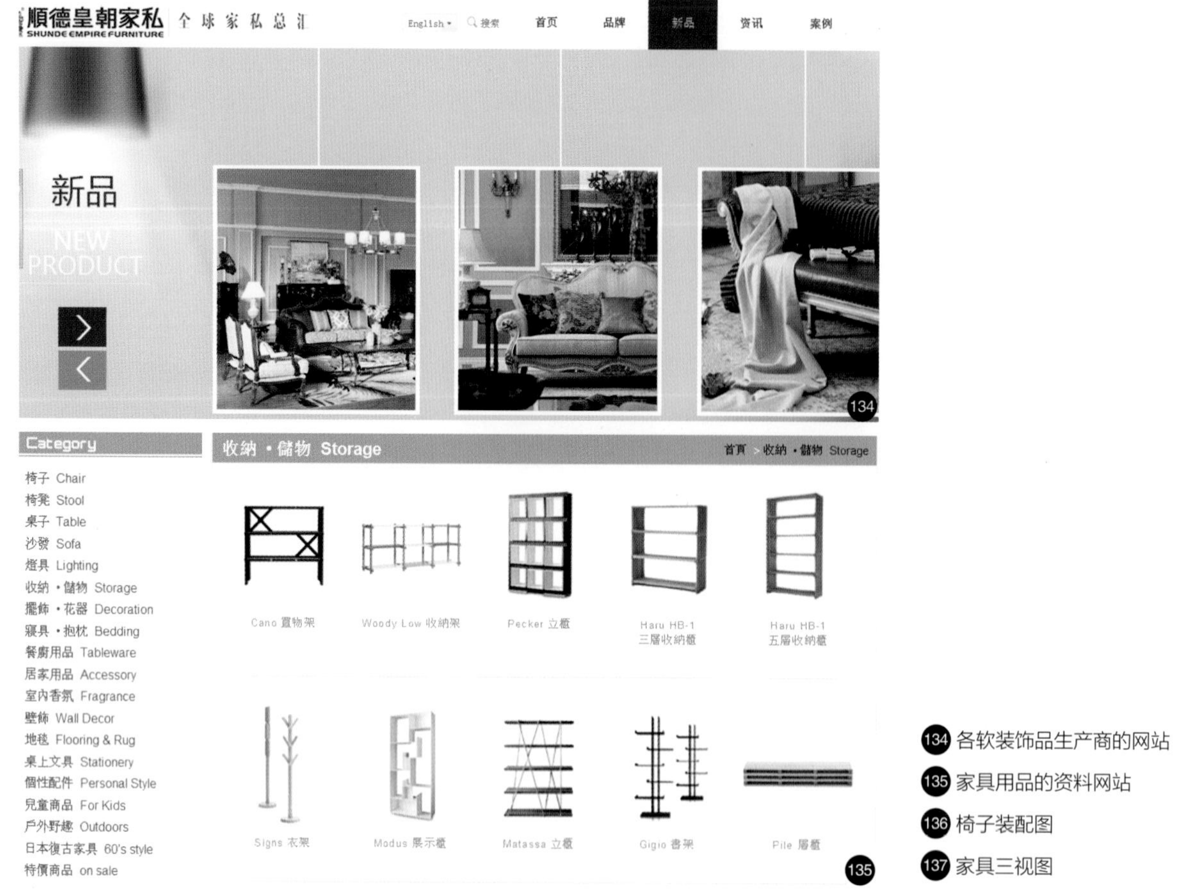

134 各软装饰品生产商的网站

135 家具用品的资料网站

136 椅子装配图

137 家具三视图

3. 结构装配图

结构装配图是一种使用标准数字模型和工程图纸对设计方案进行准确放大图示的方法。很多软装概念的表达会涉及到结构细节等，这时就需要绘制三视图和结构装配图。结构装配图可以根据实际情况来绘制，比如特殊家具的安装、各个位置的形态、固定位置等（图 136、图 137）。

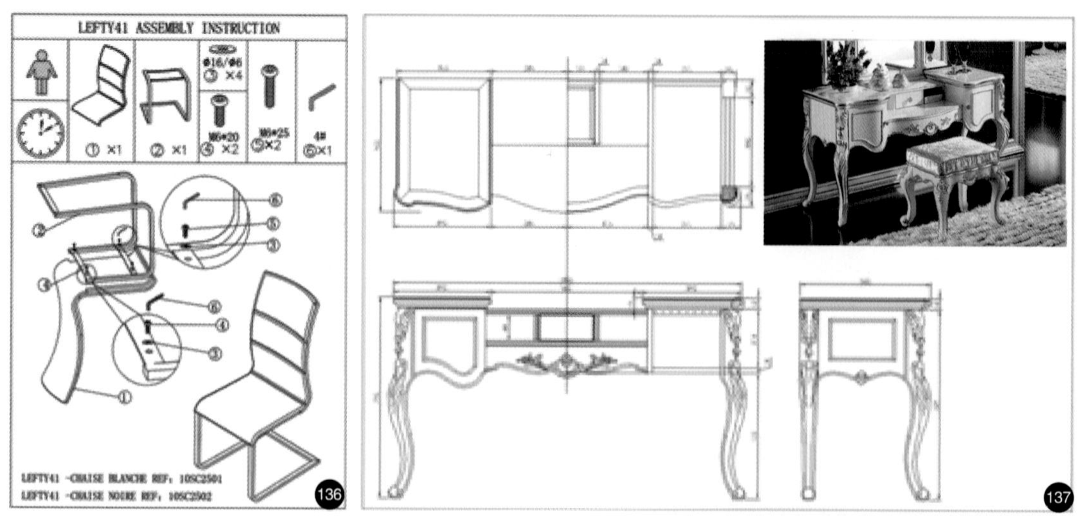

4. 设计平面图

对于软装方案概念这个阶段，设计师不需要绘制正式的立面图，仅将平面按照需要进行调整即可。在平面图中，需要将各空间内大件的软装品数量和尺寸进行标识，过小的物品诸如台面小摆件在图中可忽略不计。平面图的主要作用是便于显示出大件软装品的具体信息，便于甲方整体地感受空间效果和控制成本造价（图 138、图 139）。

138 住宅软装平面图 何永胜设计

139 酒店大型空间的平面

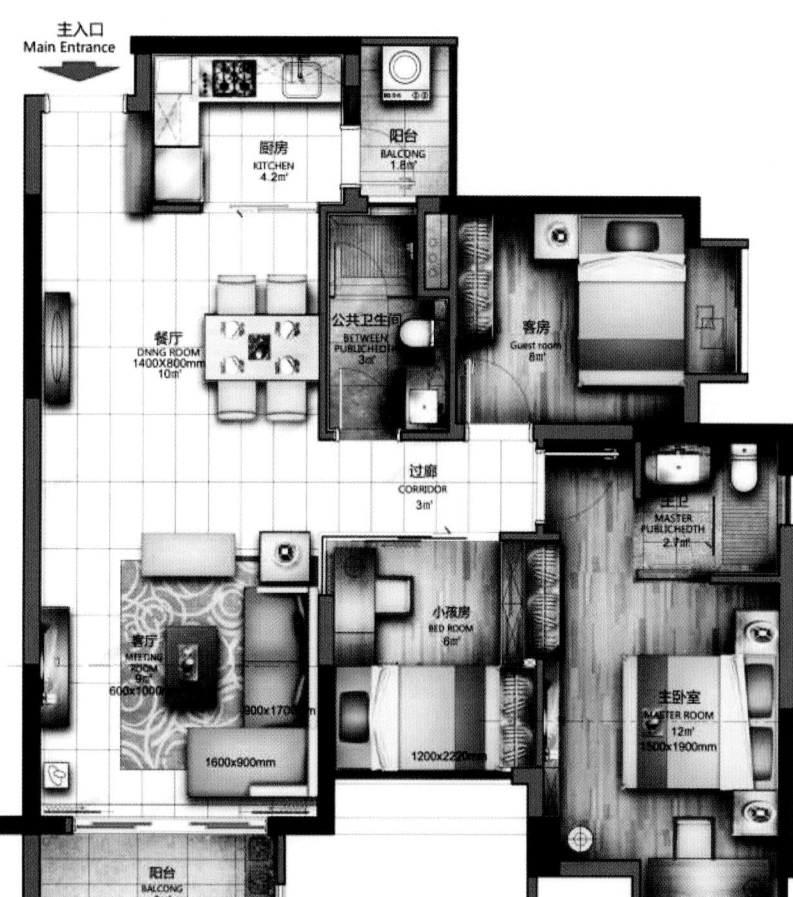

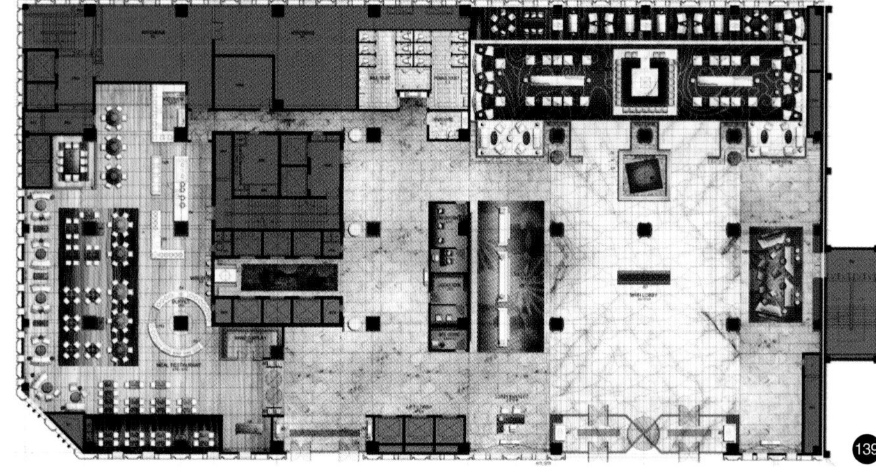

5. 影像视觉等新媒介

影像视觉方法是将图片图像、人物和感官体验等抽象元素混合制成影片或其他新媒介，充分展示软装设计在未来场景中的种种细节和感受，体现软装设计在特定环境下的价值。影像视觉与新媒介的方法不仅仅展示出软装设计的静态形式还可以展示出未来使用者的反应，比如人和设计的交互反应情绪等等。影像视觉的方法能帮助我们将未来的设计体验与情境视觉化，展示软装设计空间的直觉感受和空间的潜在用途及其对未来生活带来的影响。

在软装设计中影像视觉方法是最直观的一种方法。但是，这需要一定的时间和人力，所以一般应用在投标项目中，也可以显示公司的实力和细节的把控能力。设计师可根据具体的情况选择实施（图 140）。

当然，以上几种表现形式我们经常会综合起来利用，最终的表现效果要打印出图、文本装帧。总的来说，要用通俗易懂的语言来向甲方介绍软装的基本形式、布置情况、概念和软装的功能以及对未来的设想和维护。

140 世博会上意大利馆中的新媒介展示

课堂思考

1. 找到社会上的一些实际项目列出此次软装设计的目的是什么，要解决什么样的问题?
2. 以上一章设计游戏的卧室空间为基础，设计一个学生（或设计师）卧室，大约10㎡左右，要求画出空间效果图，主要的家具软装饰品等。文字总结设计的概念和形式风格元素。

Chapter 5

设计方案的深化

用实际案例，从设计策略的分析方法入手，深入透彻地了解软装设计的整体程序，以及用更好的方式去表现自己的设计概念。

学习目标

通过对实际案例的分析，从设计策略的分析方法入手，深入透彻地了解软装设计的整体程序，选用市场上的几种案例来探讨用更好的方式去表现自己的设计概念和实施施工。

学习重点

掌握软装设计的策略方法和具体深化表现。

一、方案的深化（以房地产样板房为例）

图纸深化和甲方讨论并最终确定设计概念后，设计师按照既定的设计思路深化设计方案，主要是确定各个空间软装的最终效果。设计师可利用草图的方法将所要的效果表达出来，针对每个空间的重点部位绘制立面图，进行方案的对比，与甲方协商后确认最终实施。通常来说方案的深化包括以下内容：

1. 市场分析

软装市场分析和其他市场分析一样也是对项目的市场规模、位置、性质、特点、市场容量及吸引范围等调查资料所进行的经济分析。它是指通过市场调查和供求预测，根据项目产品的市场环境、竞争力和竞争者，分析、判断项目投产后所生产的产品在限定时间内是否有市场，以及采取怎样的营销战略来实现销售目标。

比如，地产项目常常确定的竞争关键点：位置。我们在设计时就要从该项目所处位置的周边情况、天气、日照、植被等等方面来综合地考虑（图 141、图 142）。

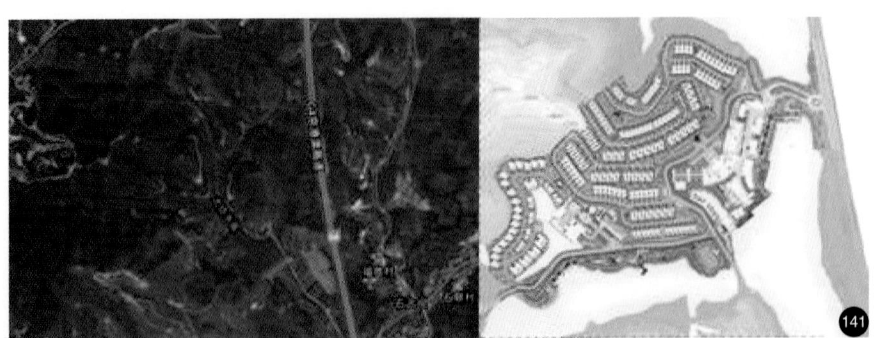

141 清远某地产项目的地理位置

项目档案

项目地点：清远市清城区石角镇大坑水库西侧（广清高速龙塘出口右转 3 公里）

占地面积：689，326.5 平方米

建筑面积：116，361 平方米

物业类别：住宅，别墅

建筑类别：低层，小高层，高层联排

项目特色：旅游地产

容积率：2.0

绿化率：35%

楼层状况：3-28 层

总户数：4000 户

开盘时间：2011 年 7 月

入住时间：2012 年 12 月 1 日

投资商：万科集团

景观设计：SCDA Architects Pte Ltd

物业公司：万科物业

代理商：世联地产

楼盘售价：5000 元（虚拟）

142 项目档案和场地分析

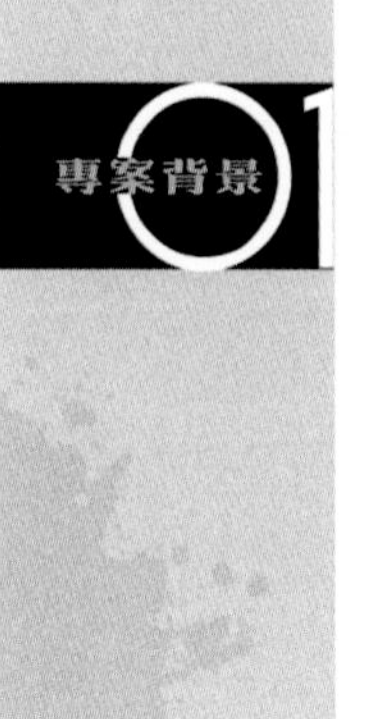

项目地理位置

地理环境 | LOCATION & SURROUNDING

位置：

猎德村，距广州新城市中轴线不足 200 米，位于珠江新城中央商务区（CBD）的核心区域。

环境：

■ 1. 周边环境：猎德村西边毗临珠江新城中央广场的南部文化艺术区，有广州歌剧院等地标性现代建筑在建；南临珠江；北部及东部为住宅和商务高层建筑，人流车流密集。

■ 2. 区域环境：猎德村东区和西区已全部夷平，东区为村民安置区和宗祠区，正在重建；西区为商业用地；西南区暂为保留安置区，村民回迁后作村集体用地，并建酒店以支撑集体经济，但缺乏对河岸景观的保护，因此我们将西南区作为本案广场设计的场地。

场地分析 | SITE ANALYSIS

1. 地貌特征：拆迁后场地被夷为平地，地势平缓；西北为猎德河涌，河岸平直，缺少变化，堤岸较高，低水位时河岸裸露，亲水性差。

2. 历史遗留：猎德村全拆后原来的生活空间和历史建筑已被破坏，祠堂被拆除异地重建，保留了部分祠堂木石构件及石板砖，除河涌两岸的古榕树及猎德石桥将会保留外，水乡文化和与之相关的城市记忆已难以保存。

3. 生态问题：河道污染较重，水质较差。

4. 人流密度：场地周边均为高层商务及住宅建筑，大量公共人流的聚集会使生态环境受到进一步的压力，因此有必要加大生态绿化及公共活动场所的容积量。

5. 使用人群：以猎德村民为主，以及周边商务人群和居民、游览者。

142

2. 竞争对手分析

软装市场上所讲的竞争对手是指在某一行业或领域中，拥有与你相同或相似资源（包括人力、资金、产品、环境、渠道、品牌、智力、相貌、体力等资源）的个体或团体，并且该个体或团体的目标与你相同，产生的行为会给你带来一定的利益影响，我们称之为竞争对手。竞争对手的软装有什么特色、具有什么样的针对性等等，这些都是我们在进行软装设计时一定要考虑的问题。图 143 是对某楼盘竞争对手的户型分析。

143 广州励生设计有限公司设计案例

入户门居中设置，形象端庄，流线高效。玄关直对中心景观花园，可直达院落。展示产品核心价值。

首层设置公共卫生间（不含洗浴）。平面 L 型布局，楼梯位于拐角，节约高效，将主要房间布局布置在端头，朝向景观面。

一字型泳池设计，符合使用者需求。餐厅和厨房一体设计，相对其他空间独立设置，高效合理，并保持良好的就餐景观朝向。

形象端庄的入户大门结合花园设计，给人以回家的仪式感，高端大气。

入户门居中设置，形象端庄，流线高效。

玄关直对中心景观花园，可直达院落。展示产品核心价值。

首层设置公共卫生间（不含洗浴）并带有前室，尤显高贵。

平面 L 型布局，楼梯位于拐角，节约高效，将主要房间布置在端头，朝向景观面。

客厅、餐厅和厨房一体设计，形成一个整体的大空间，但也带来中餐烹饪的干扰问题，略显华而不实。

比如万科在清远的楼盘在养生概念上和清远其他的楼盘有没有相似的竞争对手，万科要怎么做才更具有针对性？这些都是售楼布置样板房时主要要解决的问题（图 144- 图 147）。

“花园里的鱼”巧妙运用自然地势，依山临湖构建坡地别墅。所有别墅环山而上、层层布局，以确保每户都能欣赏到最佳的景观，巧妙地将水景喷泉、建筑立面、街道小品等要素和湖畔公园、无边际泳池、露天剧场等主题景观与原生地形、水系和植被充分交融，尽量保留原始地貌的生态结构，实现景观与自然的融合；并将亚洲元素植入到现代建筑语系，通过木、石等自然材料的细腻精致搭配，以及对空间、光影、结构的精确把握，结合栅栏、墙体、平层屋檐等元素，构筑简洁的建筑形体，在保证私密性的同时，演绎建筑的细腻与实用，塑造时尚、艺术、健康的居家环境，把现代主义建筑提升到一个全新的高度，体现出浓郁的新亚洲休闲风格。

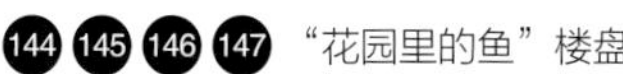
144 145 146 147 “花园里的鱼”楼盘

144

145

146

147

3. 自身户型与优劣势分析

这一类型的分析经常被称为商业模式分析，商业模式分析图是讨论商业模型概念的综合性视觉工具，用于评估早期概念阶段的商业或设计方法雏形，也可分析现有商业或空间模式中存在的优势、劣势、威胁与机会。在软装设计中，我们通常从户型和楼盘的优劣势等方面进行分析比较，从中找到我们软装设计的出发点（图 148、图 149）。

148 竞争对手户型

149 竞争软装分析

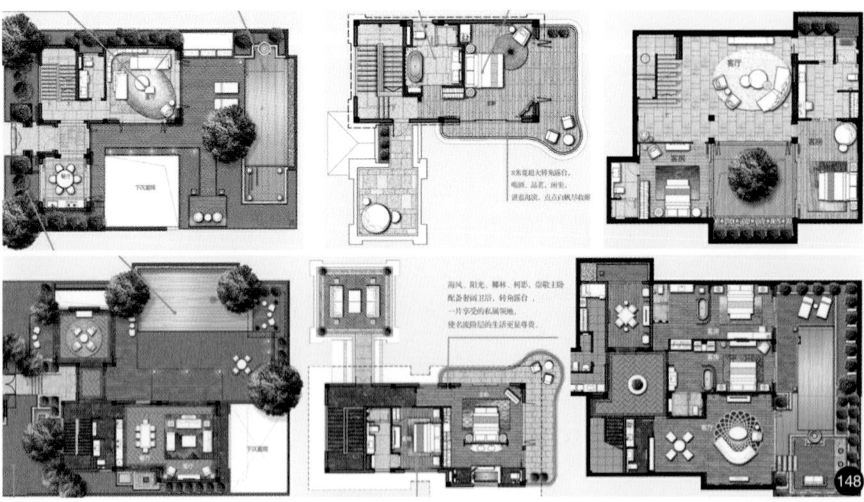

A、B 户型：中式院落式设计，其入口玄关先抑后扬，符合传统中国建筑设计，进入庭院后视野开阔。仿佛别有洞天。且玄关也能很好地隔绝外界的干扰，使私人庭院更加清幽淡雅。

但室内平面布局不够科学与人性化，如 A 户型餐厅与厨房位置十分狭窄，又如负一层的客房空间采光与潮湿问题。且负一层似乎更加需要增加休闲娱乐空间。

B 户型：软装风格比较混搭，庭院的中式亭台搭配素白色的帷幔，清新自然，有种东南亚度假风情。家具以及灯具的搭配有中式也有西式，中西合璧，各有韵味，在颜色的搭配上比较丰富，整体视觉空间较为饱满。饰品有点过于精致 ，偏城市感。

4. 目标消费者分析

在软装设计中对目标消费者离不开以下几个方面的分析，比如可以利用拼贴画、人物角色的形式。

拼贴画是一种展示软装使用情境、用户群类的视觉表现方法。它可以时刻提醒设计师完善设计和面对的客户群体，并便于与项目其他合作者交流沟通。

消费者也可以说是人物角色，此角色用于分析目标用户的原型，描述勾画用户行为、价值观以及需求。人物角色有助于我们在软装设计项目中体会并交流现实生活中用户的行为、价值观和需求。比如图 150、图 151 是项目设计中对未来消费者的一种直观的描述。

书吧目标客源:
大学生/文艺青年/高等教育人士
书吧客户人群:
中高端收入/享受生活/爱读书
关键词：
中西合璧/休闲/看书

150 对书吧目标消费者的描述

星空用极其诗意与壮美的团方式告诉旅途中的人们，他们是在一个球体上，在一颗漂浮于茫茫宇宙中的星球上远行。

茫茫星际，让人衍生出无尽猜想，萌发探索的欲望。未来世界、科幻电影层出不穷，一切源于科技的发达与人类的创想。

无论是宏伟如《星际大战》一般壮阔的史诗征途，亦或平凡如披星戴月的匆忙赶路——星空告诉着人们，朝哪个方向前行才能回到家——这是人类最古老、也是最重要、最永恒的路标。

家庭成员	职业	年龄	特质爱好
男主人	It行业经理	36岁	喜欢电影《第5元素》中关于未来世界的设定，金属与高科技产品。
女主人	设计总监	36岁	坚信黑白灰为永不过时的色彩搭配经典，偏好跳跃又温暖的橙色。
男孩	学生	13岁	《星球大战》的忠实FANS，有一个关于宇航员的梦想。

151 某项目设计中对未来消费者的直观描述

5. 整体氛围描述（六维空间）

整体氛围描述通常用故事情景的方式，也就是用视觉方式讲述故事的方法，用于描述未来的软装设计在应用时的情境。这种形式有助于我们了解用户、用户的使用方式和使用情境。在现代商业样板房中，我们通常已经从空间的三维空间延伸到色、香、味的六维空间去塑造宜人的环境了。图 152 是对某样板房的整体氛围的描述。图 153、图 154 是“我家书房”软装氛围的一种表达。

—— ■ 印象。悦

悦。
ONESONG
公寓户型E1

—— ■ 印象。安

洋房户型A7

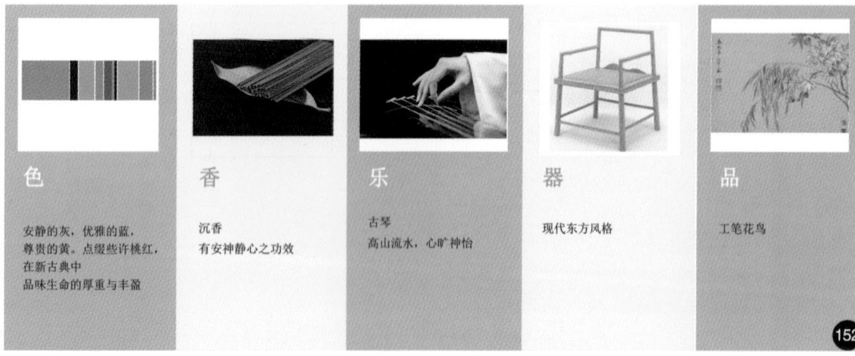

152 某样板房整体氛围的描述

153 书吧设计方案

设计理念:
终日昏昏醉梦间，忽闻春尽强登山。
因过竹院逢僧话，偷得浮生半日闲。
随着日渐发展的电子产品，纸质书本逐渐淡出我们视野。
书本的墨香味成为了奢侈品。
在繁华的城市中建一片净土，供尔等驻足欣赏。
读这样的书，如品一盅下午茶，悠悠的，半日时光便溜走了，怡情怡心，恰正似诗云"偷得浮生半日闲"般心中窃喜。

154

154 书吧设计方案情景描述

155 以功夫为主题的酒店软装设计

6. 软装细节形态

空间各个部分的软装具体要求最好有一个用途界定或设计目标，有了这个具体的要求我们在进行设计的时候目的性就可以强很多。

问题界定。软装设计的过程通常也被认为是解决问题的过程，在解决之前我们要明确方法是否正确，前提是找到界定问题的关键。

设计目标清单应该列出设计要达到的目标，根据这个设计师可以筛选出相应的最佳创意和方案。它也是衡量软装设计最后是否成功或完成的一个量化指标。比如图 155、图 156 以功夫为主题的酒店软装设计。

文化和艺术主题元素创立前的分析

155

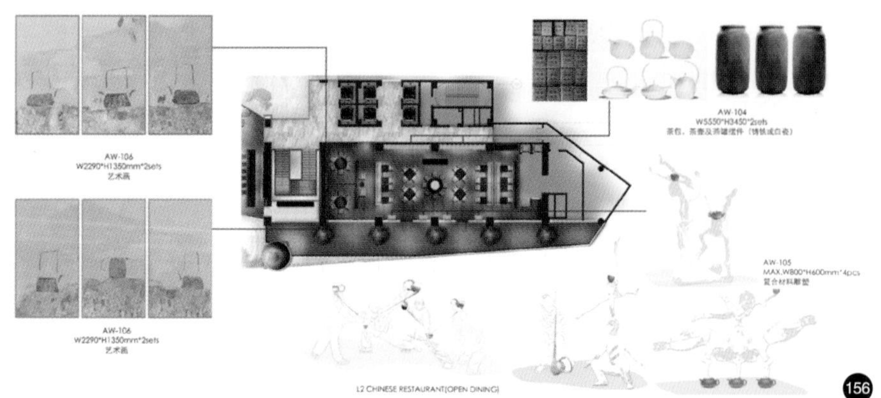

156

7. 软装设计报价和采购表

软装设计方案的最后通常是报价，也就是我们投标时常说的商务标部分，这部分的报价通常有以下几种方式：一种是按总体平方数来报价，比如 50m^2 的样板房，3000 元 /m^2，总价就是 150000 元。另一种是按照报价单逐项报价，最后的总价是总费用。两种报价方式各有优劣，主要看具体操作方式和实施。

方案确认后再根据所画草图内容整理成 CAD 图纸，除非有设计师设计定制的内容，否则一般图纸不包含节点和大样图。在图纸中将所需的物品一一表示出来，便于今后采买工作的开展。如图 157、图 158 的采购表，这个表格也是软装设计很重要的组成部分。

156 功夫元素的软装设计 梁康炎设计

157 按照空间来分类的报价表

158 按照软装饰品类别的报价表

陈设品材料汇总表

编号：LS-WH-1103-RZ

项目名称：	山海华府B型房陈设设计配套预算表	空间主题：	后现代的精致生活
设计小组：	陈设设计小组	设计总监：	乔国玲
开始日期：	2011.4	完成日期：	
订制：	主材料□、五金□、洁具/龙头□、家具)□、灯具□、装饰帘□、装饰物品□		

序号	所在位置	产品名称	图片	规格W*D*H, mm	厂家	数量	单位	单价RMB	合价RMB	备注
1	客厅	三位、二位、2个一坐位沙发一套		2600X1000 2400X900		1	套	22,000.00	22,000.00	
2	客厅	挂画一组（4幅）				1	组	4,000.00	4,000.00	
3	客厅	边角几2个一组				1	组	4,600.00	4,600.00	
4	客厅	客厅电视柜、仿真电视		2500X500		1	套	6,800.00	6,800.00	
5	客厅	茶几（贴皮）		1500X1500		1	张	5,800.00	5,800.00	
6	客厅	相框一批				1	批	600.00	600.00	
7	客厅	2种造型的台灯，4个1组				1	组	3,200.00	3,200.00	
8	客厅	吊灯				1	盏	3,600.00	3,600.00	
9	客厅	窗帘全套				1	套	4,500.00	4,500.00	
10	客厅	长绒地毯				1	块	2,900.00	2,900.00	
11	客厅	壁柜上的书及饰品				1	批	3,000.00	3,000.00	
12	客厅	靠壁饰案和装饰镜				1	组	6,600.00	6,600.00	
								客厅 小计：	67,600.00	

157

阳江阳光马德里1-12栋C-2公寓[交楼标准]清单预算家具灯具及软装预算清单

序号		名称	品牌	规格	图片	数量	单价	总价	备注
一、灯具						6		12400	
1	客厅	钓鱼灯		常规		1	2800	2800	
2		台灯		常规		1	1600	1600	
3	餐厅	吊灯		直径440*340H		1	2400	2400	
4	卧室	吊灯		直径500*320H		1	2400	2400	
5		床头灯		常规		2	1600	3200	

阳江阳光马德里1-12栋C-2公寓[交楼标准]清单预算家具灯具及软装预算清单

序号		名称	品牌	规格	图片	数量	单价	总价	备注
二、家具						14		47800	
1	客厅	三位沙发		2200*900*800H		1	5300	5300	
2		单位沙发		900*900*800H		1	3200	3200	
3		茶几		800*800*420H / 750*1000*380H		1组	4800	4800	
4		角几		500*500*520H		1	2300	2300	
5		电视柜		1800*420*300H		1	3800	3800	此款式为吊柜，须配备挂墙五金件

158

二、设计方案的实施

在方案实施前将所有的物品确认到位，设计方案的实施也就是按照物品的位置把它们摆放出来。这步骤需要准备如下几方面：

1. 材料、人员、场地的准备

在实施工作之前，我们需要将在此之前订的或是买的软装品清单整理出来，按照此单据检查货品的到货情况，以便在方案实施完毕后，向甲方移交货品，同时也方便按照前期工作表的内容将物品进行分类放置。一般情况下，甲方会安排装修的施工人员配合软装工作，主要是需要与基础界面接触、连接的工作，如挂画、装灯具等。当然，作为软装设计部门也要有专业人员一同前往，将所有的物品按照图纸所要求的进行基础布置，最后由设计师一人做全面的统筹，对最终的效果负责（图159）。

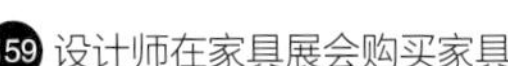

159 设计师在家具展会购买家具

159

2. 实施工地管理

软装实施的时间是整个工作最终完成之前的几天。有时定制的货品因为种种原因不能到达，需要有备选的物品先满足甲方的前期使用，等货品到达后再进行调换，因此，应在公司中准备部分产品以备应急之需。

软装设计策略实施的阶段任务是具体安排组织并实施，并对软装策略实施过程进行领导、指挥和控制，以确定软装设计策略目标的实现，或是根据策略实际执行状况及时调整策略目标。

软装设计策略的实施主要有以下工作内容：

（1）根据实施阶段的要求调整组织结构和相应的指挥与沟通。新策略的实施必然对企业产生影响，主要表现在企业业务范围的改变。

（2）建立或调整企业的管理系统，以求与软装设计策略实施要求一致。根据软装设计策略的改变进而调整管理系统，分别为控制系统、人力资源系统、信息系统等。其中控制系统的任务包括软装设计策略实施各阶段的效果追踪与评价，人力资源系统的人力规划与人员安排使用，具体将软装设计策略任务逐步落实到工作小组与人员。信息系统对软装设计策略管理的作用表现在信息的充分与正确和与市场的及时沟通上，这也会决定企业策略分析和选择的质量。

（3）协调和处理软装设计策略实施过程中的各类活动以及活动之间的冲突与矛盾（图 160）。

160 国外某餐厅的软装施工管理现场

160

三、设计的调整

由于软装设计方案的多样性，而每个人的审美情趣也有不同，有可能在整个方案实施完毕后，甲方会提出修改的要求。当然，设计师应尽量避免此类问题的发生，如果出现，还是需要灵活应对。还有种情况就是在装修过程中某些方案的调整会影响软装品的最终效果，这些情况都需要重新考虑完成。

软装设计还要考虑到与其他活动配套。越来越多大商业的卖场把软装艺术当成了增加利润的一部分，这方面对软装艺术搭配提出了新的要求。在卖场的软装艺术设计中后期的跟进非常重要，它负责软装艺术场地的维护、更新和应对突发性的事件。设计师也可以观察使用者的人流规律和主要行为习惯，为下次更好的设计做准备。下面案例是华锦设计团队在壹号公馆示范单位项目设计和软装施工过程中的真实描述，各个工地都会有类似的情况，所以在现场设计师的统筹管理非常重要。

161 原大堂效果图

162 修改后大堂效果图

附：珠光设计管理中心撰写的样板房软装过程

项目背景：珠光御景壹号坐落在三江环绕的白鹅潭核心之上，已是广州闻名遐迩的高端楼盘。

2015 年 11 月，更是盛大推出全新阅江公寓【壹号公馆】的示范单位。在这背后，设计中心及华锦设计的室内专业同仁也上演着设计版本的“速度与激情”。

公寓大堂前期定位于“华尔道夫”酒店风格，以铜元素融汇在整个设计中，水晶飘带的吊灯横贯天面，流沙背景墙增加动感，再加上挂墙壁纸，由内到外，华光熠熠，沉稳奢华。

2015 年 5 月，大堂效果图如下，然而事情并不那么顺利，根据计价，水晶吊灯大大超出预算，墙身材料也不符合消防等级（图 161）。

161

2015 年 6 月，设计师决定采取措施：取消吊灯，成本节省 37 万；原墙纸改为古罗马橡木防火板，加上青古铜装饰腰线，保证防火等级及防潮；地面也相应改为普利斯灰大理石，明暗对比，相得益彰（图 162）。

162

现场实施的再度细化——继续见招拆招。由于建筑铝合金外墙的材料未能及时安装，室内建筑无法收口，会造成室内材料损坏、延误工期。故而设计师采取措施：室内做出相应的调整，除柱子由室内完成，其他由建筑外墙进行施工。

灯具问题在于：大堂原天花灯具设计太密集，影响观感及亮度。故而设计师采取措施：横排由每排 7 盏改为 4 盏，竖排由 4 排改为 3 排，灯距由原来设计 1.2m 改为 2.4m，控制灯光效果，响应低碳环保的理念（图 163）。

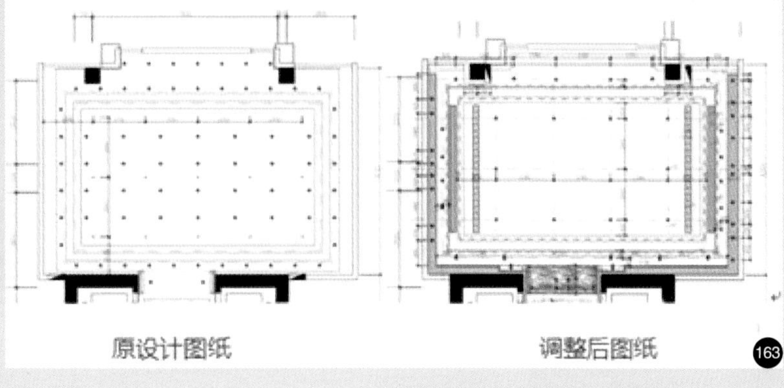

163

软装的采购及摆场：

1. 软装的采购。在软装采购上，我们控制得较好，各个环节配合紧密，在两天内便能顺利完成采购工作。采购的流程为：设计师选饰品——地产设计管理把控——成本议价——付款提货——行政收货。这里面，也少不了甲乙双方的良好沟通，首先要在软装采购前做好计划，如果设计师已经得知甲方喜好的风格，细节和预算，就比较不容易走弯路（图 164）。

2. 软装的摆场。首先做好计划与步骤：开盘前的一周就开始陆续安排家具、灯具、窗帘、挂画安装，开盘前两天安排地毯、床品、饰品。

人员的分工计划及时确定好，避免临时调度，造成人力浪费。同时运用工作群，发动领导及同事进行交流探讨，现场及时调整，便于圆满提前完成工作，利用强大的团队配合力量（图 165）。

3. 现场也遇到了问题，由于标识设计还未进行，现场接待台背景墙预留的电线外露，比较难看，王老师跟现场插花的花姐及时提出方案——运用藤艺及花艺编制出来“飞黄腾达”（图 166）。

大堂设计大胆地打破公司原来路线，尝试运用黑、白、灰的色调，青古铜饰线的点缀，营造素雅、沉淀奢华的风格（图 167- 图 169）。对比摆场前夜，是否焕然一新?

164 165 166
167 168

169

大家都知道，要在 4.5m 层高合理地布局两层空间，将数十方的公寓化身为工作、生活两相宜的安乐窝，确实非常考验设计师们的功力（图 170）。

170

公寓平面

如何体现空间尺度感？室内设计师也同样绞尽了脑汁。设计师们从厚度出发，控制楼板厚度为 0.17m，灯具选厚度为 0.04m 的，软装的家具选择低矮的款式，浅色调，以便体现整体的高度（图 171）。真正的奢侈不是面积，而是空间感！

公寓室内剖面图

爵士白大理石背景墙现代简洁，茶色玻璃的窗口及栏杆，舒适而又宁静（图 172）。

除了层高，“速度与激情”团队还面临了其他问题……

1. 门窗开洞房间的窗户开洞跟门洞原设计高度不一致，比较难看，经现场手绘签字，施工方迅速施工，确保竣工日期（图 173）。

173 门窗开洞修改前后对比

171

172

173

2. 卧室原背景墙与家具配合不对，根据现场尺寸结合家具尺寸，对背景墙进行了相应的调整。修改后的背景墙与木地板、暖黄色的床饰搭配在一起，温馨浪漫，暖意融融（图 174、图 175）。

3. 洗手间现场没按图纸施工，设计师马上改动。红线部分，原有的壁架消失了！整修后的洗手间明亮简洁，挂式座厕节约空间，方便清洁镂空层架以及方便软装，米色瓷砖干净利落，整个空间优雅而安静，气氛顿时就活跃起来（图 176）。

只是一个项目的小小掠影，就啰啰嗦嗦地说了这么多，现实中遇到的问题当然是更多更难啦。不过有这些热爱室内和软装专业的同事们，还有什么不能克服的呢？最后展示一下设计版的"速度与激情"团队——华锦设计 + 珠光设计管理中心（图 177）。

174 卧室背景墙图纸
175 修改后的背景墙
176 洗手间
177 团队合影

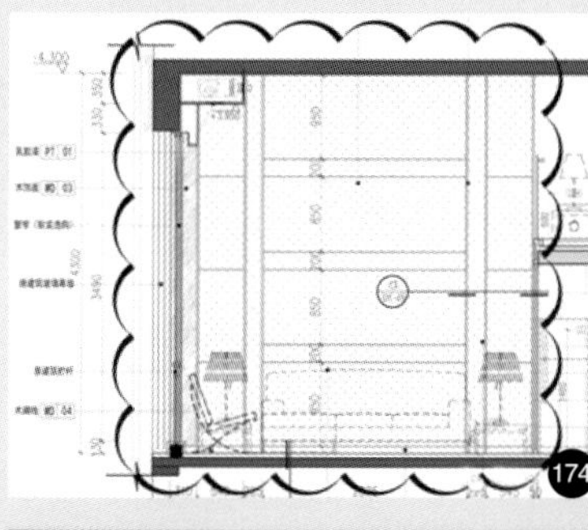

四、软装工作流程

软装工作流程参考：

● **步骤一：首次空间测量（图 178）**

工具：尺子、相机

流程：1. 了解空间尺度，硬装基础；2. 测量尺寸，出平面图、立面图。

拍照：1. 平行透视（大场景）；2. 成角透视（小场景）；3. 节点（重点局部）。

要点：测量是硬装后测量，在构思配饰产品时对空间尺寸要把握准确。

● **步骤二：生活方式探讨（图 179）**

流程：要就以下四个方面与客户沟通，努力捕捉客户深层的需求点。1. 空间流线（生活动线）——人体工程学，尺度；2. 生活习惯；3. 文化喜好；4. 宗教禁忌。

要点：空间流线是平面布局（家具摆放）的关键。

● **步骤三：色彩元素探讨（图 180）**

流程：详细观察了解硬装现场的色彩关系及色调。

对整体方案的色彩要有总的控制：浅暖、深暖、浅冷、深冷。

把握三个大的色彩关系：背景色、主体色、点缀色及其之间的比例关系。

要点：在做软装配饰设计时要把色彩的关系确定下来，做到既统一又有变化并且符合生活要求。

● **步骤四：风格元素探讨（图 181）**

流程：明确与客户探讨，尊重硬装风格。尽量为硬装作弥补，收集硬装节点（拍照）。

要点：风格定位以客户的需求结合原有的硬装风格，注意硬装与后期配饰的和谐统一性。

与客户沟通时要尽量从装修时的风格开始。涉及到家具、布艺、饰品等产品细节的元素探讨，捕捉客户喜好。

1 首次空间测量

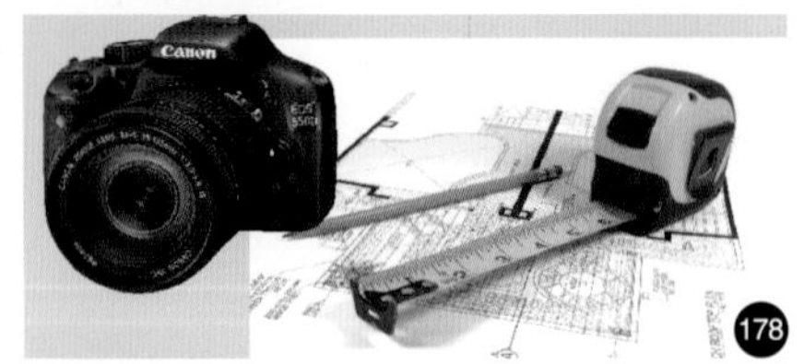

178

测量是硬装后测量，在构思配饰产品时对空间尺寸要把握准确。

2 生活方式探讨

179

空间流线是平面布局（家具摆放）的关键 。

3 色彩元素探讨

180

在做软装配饰设计时要把色彩的关系确定下来，做到既统一又有变化并且符合生活要求。

4 风格元素探讨

181

涉及到家具、布艺、饰品等产品细节的元素探讨，捕捉客户喜好。

5 初步构思（定位方案）

182

首次测量的准确性对初步构思起着关键作用。

6 二次空间测量

本环节是软装方案的实操关键环节 。

7 初步方案

如果是刚开始学习工作的人，最好做 2-3 套方案，使客户有所选择。

8 签订设计合同

如对初步方案不满意，可在扣除测量费后全额退还第一期设计费并解除合同。

9 配饰元素信息采集

1. 品牌选择（市场考察）； 2. 定制：要求供货商提供 CAD 图，产品列表，报价。

● 步骤五：初步构思（定位方案）（图 182）

流程：设计师综合以上四个环节对平面草图进行初步地布局，把拍照元素进行归纳分析。

初步选择配饰产品（家具，布艺，灯饰，饰品，画品，花品，日用品，软装材料）。

构思阶段，需要设计师对产品进行分析初选。

要点：首次测量的准确性对初步构思起着关键作用。

● 步骤六：二次空间测量（图 183）

流程：设计师带着基本的构思框架到现场，反复考量，对细部进行纠正。

产品尺寸核实，尤其是家具，要从长宽高全面核实，反复感受现场的合理性。

要点：本环节是软装方案的实操关键环节 。

● 步骤七：初步方案（图 184）

流程：按照前面的设计流程进行方案制作。

注意产品的比重关系（一般的项目比例：家具 60%，布艺 20%，其他均分 20%）。

要点：如果是刚开始学习工作的人，最好做 2-3 套方案，使客户有所选择。

● 步骤八：签订设计合同（图 185）

流程：初步方案经客户确认后签订《软装设计合同》，比如第一期设计费按设计费总价的 60%~80% 收取，测量费并入第一期设计费。如对初步方案不满意，可在扣除测量费后全额退还第一期设计费并解除合同。

● 步骤九：配饰元素信息采集 （图 186）

流程：家具选择：1. 品牌选择（市场考察）；2. 定制：要求供货商提供 CAD 图，产品列表，报价。

布艺、灯具等软装材料选择——产品考察。

产品采集表：灯饰，饰品，画品，花品，日用品等。

● **步骤十：方案制定（图 187）**

流程：在定位方案与客户达到初步认可的基础上，通过对产品的调整，明确在本方案中各项产品的价格及组合效果，按照软装设计流程进行方案制作，出台完整软装设计方案。

要点：本环节是在初步方案得到客户的基本认同下出的正式方案，可以在色彩、风格、产品、款型认可的前提下作两种报价形式（一个中档，一个高档），以便客户有一个可以接受的余地。

● **步骤十一：方案讲解（图 188）**

流程：给客户系统全面地介绍正式方案，并在介绍过程中不断记录客户反馈的意见，以便下一步对方案进行修改。做住宅设计时要征求所有家庭成员的意见，进行归纳。

要点：好的方案仅占 30-40 分，另外的 60-70 分取决于设计师的有效表达，在介绍方案前要认真准备，精心安排。

● **步骤十二：方案修改（图 189）**

流程：在与客户进行完方案讲解后，针对客户反馈的意见进行方案调整，包括色彩调整、风格调整、配饰元素调整与价格调整。深入分析客户对方案的理解。

要点：客户对方案的调整有时与专业的设计师有区别，需要设计师认真分析客户理解度，这样方案的调整才能有针对性。

● **步骤十三：确定配饰产品（图 190）**

流程：与客户签订采买合同之前，要先与配饰产品厂商核定产品的价格及存货，再与客户确定配饰产品。按照配饰方案中的列表逐一确认。家具品牌产品，先带客户进行样品确定。定制产品，设计师要向厂家索要 CAD 图并配在方案中。

要点：本环节是配饰项目的关键，为后面的采买合同提供依据。

10 方案制定

187

平面布局是软装设计的关键。

11 方案讲解

188

在介绍方案前要认真准备，精心安排。

12 方案修改

189

需要设计师认真分析客户理解度，这样方案的调整才能有针对性。

13 确定配饰产品

[illegible]		180X89X70	3	36000	108000	[illegible]
		105X89X70	6	18000	108000	
[illegible]		145X90X35	3	32000	96000	[illegible]
[illegible]		145X90X35	3	4600	13800	[illegible]
[illegible]		1300X400	52	600	31200	[illegible]
[illegible]			3	160	480	[illegible]

190

本环节是配饰项目的关键，为后面的采买合同提供依据。

14 签订采买合同

与客户签订采买合同，与厂商签订供货合同。

● **步骤十四：签订采买合同（图 191）**

流程：与客户签订采买合同，与厂商签订供货合同。

要点：1.与客户签订合同，尤其是定制家具部分，要在厂家确保发货的时间基础上再加15天；2.在与家具厂商签订的合同中加上家具生产完成后要进行初步验收；3.设计师要在家具未上漆之前亲自到工厂验货，对材质、工艺进行把关。

15 购买产品

细节决定设计师的水平。

● **步骤十五：购买产品（图 192）**

流程：在与客户签约后，按照设计方案的排序进行软装产品的采购与定制。一般情况下，软装项目中的家具先确定并采购（30-45 天），第二是布艺和灯具等软装材料（10 天），其他配饰品如需定制也要考虑时间。

要点：细节决定设计师的水平。

16 产品进场前复尺

这是产品进场的最后一关，如有问题尚可调整。

● **步骤十六：产品进场前复尺（图 193）**

流程：在家具即将出厂或送到现场时，设计师要再次对现场空间进行复尺，已经确定的家具和布艺等尺寸在现场进行核定。

要点：这是产品进场的最后一关，如有问题尚可调整。

17 进场安装摆放

产品摆放顺序非常重要。

● **步骤十七：进场安装摆放（图 194）**

流程：作为软装设计师，产品的实际摆放能力同样重要。软装材料一般会按照：家具—布艺—画品—饰品的顺序进行调整摆放。每次产品到场，都要设计师亲自参与摆放。

要点：软装配饰不是元素的堆砌，是生活品质的提高，软装元素的组合摆放要充分考虑到元素之间的关系以及消费者的生活习惯。

- **步骤十八：饰后服务（图 195）**

软装配置完成后做整体保洁、回访跟踪、保修勘察等工作。进行拍照记录整理，为后继的软装设计做准备。

- **步骤十九：资料库与供应商的管理（图 196）**

软装设计需要强大的资料库和供应商的支持，在企业管理层面，资料库的完善需要公司上下的努力，很多软装公司都已建立了强大的资料库。

18 饰后服务

195

软装配置完成后做整体保洁、回访跟踪、保修勘察。进行拍照记录整理，为后继的软装设计做准备。

19 资料库与供应商的管理

196

很多软装公司都已建立了强大的资料库。

课堂思考

请根据个人经验和爱好对某建筑公共室内空间（酒店、会所等）、住宅（100~200㎡左右）进行软装设计练习。完成项目的分析、设计概念的来源及相应的空间形态策划，并在此基础上完成设计选题、方案的说明。按照工作流程提交概念方案一份，方案所要求的平面图、草图各一套（手绘或CAD手段均可）以及主要的材料使用（列表完成），装订成册。

A. 绘制出现有空间的完整平面图，对空间性质（包含甲方要求）、使用者、软装基础情况等进行调查分析，在此基础上完成设计选题，要求图文并茂。

B. 对选定的室内空间进行整体策划以及制定软装设计策略，列出或画出软装设计计划及设想图，并写出软装设计说明（确定软装风格的趋向）。

C. 绘制出平面软装图和各个部分的软装效果表现图。用手绘或软件绘制，对装饰风格和软装艺术品要有明确表现。

Chapter 6

室内软装品

怎样实现“生活艺术化，艺术生活化”，我们面对市场上琳琅满目的软装品怎么去选择，怎么欣赏这些我们生活的必需品或装饰品呢？

学习目标

了解实用性软装品与装饰性软装品的功能及意义，开阔眼界与思维方式，将其在软装设计的过程中使用得恰到好处。

学习重点

掌握拓展软装用品的意义；要注意的事项；达到方便自如使用的目的。

为了营造室内理想的环境氛围和达到具体的实用功能，我们要用到大量的软装品。中国陈设委提出的软装设计行业理念是“生活艺术化，艺术生活化；艺术品功能化，功能品艺术化”，这也是我们选用软装品的原则（图 197）。

以软装品的性质分类，可以分为两大类：

一是实用性软装。如家具、家电、器皿、织物等，它们以实用功能为主，同时外观设计也具有良好的装饰效果。

二是装饰性的软装。如艺术品、部分高档工艺品等。纯观赏性物品不具备使用功能，仅作为观赏用，它们或具有审美和装饰的作用，或具有文化和历史的意义。

197 艺术化的软装饰品在书房的应用

198 艺术化的陈设品在软装的应用

199 几种座椅的形式

198

一、实用性软装品

1. 家具

家具主要表达空间的属性、尺度和风格，是室内软装品中最重要的组成部分。家具可分为中国传统家具、外国古典家具、近代家具和现代家具。中国传统家具有着悠久的历史，从商周时期席地而坐的低矮家具到中国传统家具鼎盛时期的明清家具，其间经历了 3600 多年的演变和发展，形成众多不同造型和风格的家具形式，从而构成中式风格的室内软装设计中必不可少的元素。外国古典家具主要是指公元 5 世纪之前的古埃及、古希腊、古罗马时期的家具以及中世纪的拜占庭家具、仿罗马式家具和哥特式家具。西方近代家具主要指文艺复兴时期的家具、巴洛克式家具、洛可可式家具、新古典主义家具、帝国式家具。

家具的摆放布置是室内软装非常重要的内容。家具通过与人相适应的尺寸和优美和谐的形式，成为室内空间和人之间的媒介，使室内的空间变得适合于人的居住、工作和其他的活动。家具的摆设可以基本奠定房间装饰的基调。我们将家具在大类别上分为坐具类、桌案类、储物类、卧具类和装饰类五大类别（图 198）。

- **坐具类**

一个被支起的平面，距地约为 450mm 并供人席坐的家具总称。坐具类在中国家具发展史中是一个后起来的类别，是继卧具之后，在唐朝以后逐渐发展起来的家具形式。虽说坐具类家具起步较晚，但在现代家具中，由于其种类繁多，款式造型最为丰富，成为现代家具中引领时尚潮流的主角和标志，同时也是与时代科技水平紧密相连、技术含量最高的家具。形式由于东西方文化的差异，坐具有着不同的发展体系，特别是以沙发为代表的西方文化，在现代家具行业中占有重要的地位，极大地丰富了坐具的具体内容。

199

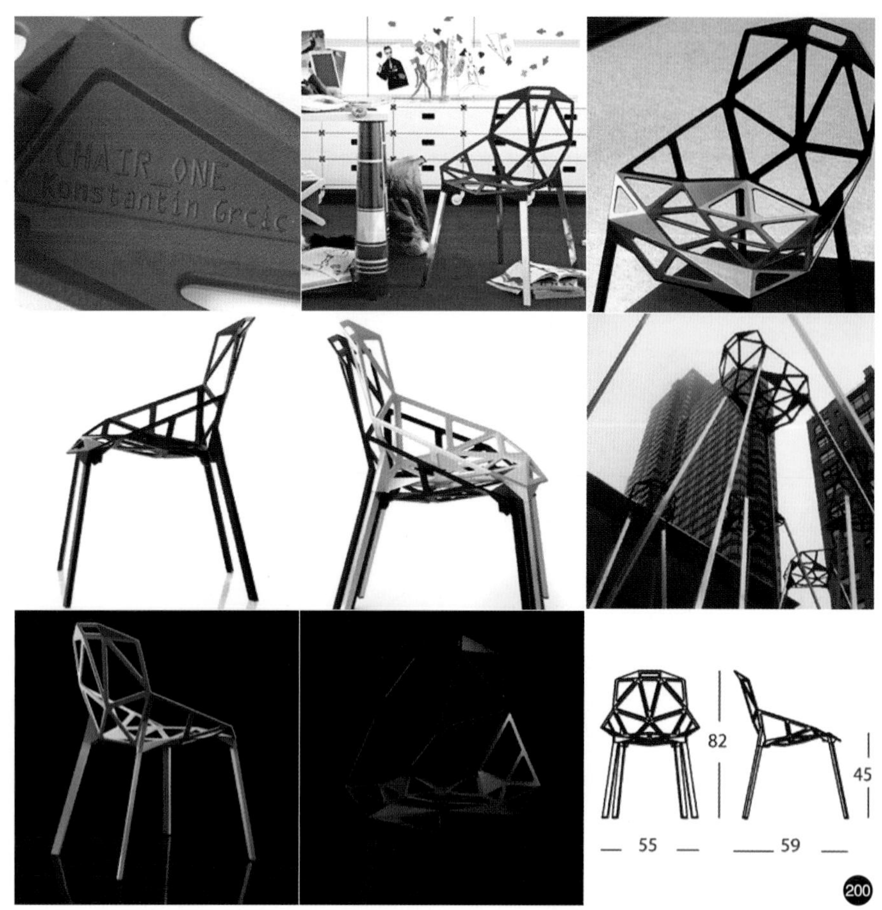

200 具有现代设计感和材质的椅子

中国的坐具以明式圈椅、官帽椅、坐墩等为代表，古拙可赏，透出淡泊高远的禅味。古典的欧式椅子以 17 世纪流行的洛可可式为代表，采用暖色的硬木材料，椅背刻以精致的植物、人物或动物图案，以金漆、青绿色、茶色饰面，以粉红色、墨绿色的天鹅绒或刺绣丝绸做椅罩，精美华丽。两种座椅都有其背后的文化含义和不同的人类生活方式，所以在选择时要注意（图 199、图 200）。

- **桌案类**

桌子是继“几”和“案”之后，伴随着椅凳的出现而产生的新成员，桌案类是一个由几案向桌子发展的家具类别。在中国古代，因人们席地而坐，案和几曾代替着桌子的功能，小者为几，大者为案。而桌的出现伴随着椅凳的出现，它是人们生活方式的新改变。除桌、案、几的概念外，还有台、坛之概念，共计五种形式。

桌子，高度约为 720mm，具有明确的使用功能，满足人们伏案作息的行为模式，如习字、阅读、饮食、打牌——通常必须和相匹配的椅凳家具搭配使用，如餐桌与餐椅、书桌与书椅、办公桌与办公椅。除了按功能区分外，还可按造型分为圆桌、方桌、长方桌、条桌等等。“几”，桌案类中的重要内容，它比桌低，是一种文化习惯上的空间陈设，一种配套性的家具，用来填充空间的特殊小桌，使周围坐具产生联系和聚合的区域纽带，可用来供放茶几等小件东西的平面——

其作用极为丰富复杂，如按功能可将“几”分为茶几、案几、香几、炕几等，按形状可分为方几、圆几、条几等，按空间摆放可分为角几、边几、背几等。“几”类家具在现代家具中十分活跃，也是花样形式最多的家具类型之一。其中茶几最为常见，高度约在 200—500mm 之间，以供人喝茶、喝咖啡，常摆放于沙发、椅子之间；香几和花几较小，高度约 1000mm，以供放香炉和花盆；炕几是中国北方人放在床上代替小桌使用的；角几，常放在沙发或椅子边角处，角几的形状可方可圆，高度较接近于坐具类的扶手，约 600mm；条几，呈狭长形，主要起陈设作用；若放在沙发背后，则名背几，放在墙边，又可谓边几。

“案”，较高大的条桌，是桌的特殊形式，常称案桌。自身装饰性很强，靠墙放置。典型代表为中式翘头案，其主要功能是作为空间中某种固定习惯的软装，有一定的装饰、礼仪、宗教等色彩，装点空间显示尊贵，其精神功能远大于实用性。在西方，“案”的概念最接近 Console 一词。台与坛的概念的区分：“台”，即三面围成的高桌，高度约为 1000mm，且有桌上挡屏，如领位台、讲台、接待台等。“坛”，其实就是一种特殊的桌子，其主要功能是摆放花卉等陈设，主要指中央花桌或中央桌坛，常放置于厅堂的中央位置，在空间中起到点睛之用，装饰性极强，以显示空间的贵气奢华（图 201- 图 203）。

201 翘头案
202 朱小杰设计的茶几
203 香几和花几

- **储物类**

我们将具有储藏和陈列物品功能的家具统称储物类家具。它由橱柜类和柜架类两种构成。通常人们将带有抽屉的桌视为橱，加上门扇又称为柜，门扇与抽屉相结合则叫橱柜。橱柜按使用功能又可分为电视柜、餐具柜、茶水柜、衣帽柜（图 204）。有些橱柜除储藏功能外，更具有空间软装作用，比如高度在半人左右的橱柜，常兼有案的角色，摆放在厅堂、入口和房间的显著部位，用以装点环境。柜架类系指中国传统家具的亮格，也有四柱框架所支起的层板，如书架、博古架、装饰架等。随着公寓和精装房的出现，很多柜子类的家具被衣帽间和入墙衣柜所代替。

- **卧具类**

床，卧具类的核心。在中国古代，家具是以床为中心的。床在桌椅出现之前，既是卧具又是坐具，只是到了唐朝之后，床才与坐具分道扬镳。如同储物类家具一般，床的设计样式及外延功能也是由传统的复杂逐渐演变为现代的简洁单纯，如传统的架子床、跋步床、罗汉床等这些较为繁复的形式，已逐步在当今的卧具中消失。床仅被理解为一个抬高的大平面，抑或是一个床垫，这本身就反映出现代的室内空间已摆脱以卧室、卧具为中心的生活观念（图 205、图 206）。

中式柜

架子床

204

205

206 欧式古典的床与后现代风格的床

● **装饰类**

装饰类家具主要是指装饰性强的一些家具，如屏风、花几、博古架，也有一些专门用来陈列的案几等。

屏风是中国传统的一种装饰式家具，在室内的功能上起到分隔、掩蔽、背衬作用，其本身就是一种软饰式艺术品。屏风有单独的插屏和自由联系起来的折屏，在屏风上经常有各种不同方式的装饰：字、画、木雕、漆雕等，还有各类的布艺和刺绣装饰（图 207）。

207 笔者设计制作的一款漆艺屏风

208 法国布艺展上琳琅满目的布料

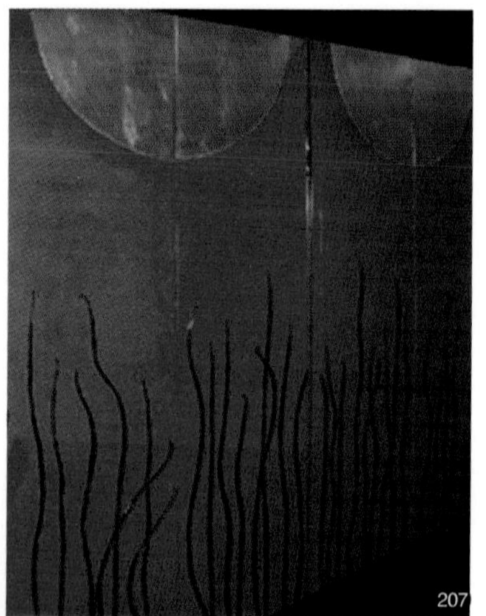
207

2. 织物用品

织物软装是室内软装设计的重要组成部分，随着经济技术的发展，人们生活水平和审美趣味的提高，织物软装的运用越来越广泛。织物软装以其独特的质感、色彩及设计所赋予室内空间的那份自然、亲切和轻松，越来越受到人们的喜爱。布艺是软装中用得最多的一种元素，从窗纱、纱、幔、床上用品、布艺沙发到地毯、壁挂，无论是嗅觉、味觉还是触觉，无不透着女性的柔情和温馨，因而，布艺已不是单纯的功能上的配合，更多的是调和室内装修中生硬的、冰冷的和呆板的墙面、家具和地板，通过布艺柔和、弱化、重组室内空间中的棱角，使之有机地成为一个整体（图 208）。

208

布艺可以根据四季的不同而选择不同的材质，同时可以通过布艺调整四季带来的视觉温差。布艺花色品种繁多，在材料上有棉、麻、丝、化纤等新型的材料；在形式上有图案、颜色的差异；风格上有清雅、粗犷、民俗等；在质感上有厚实、凝重、轻柔、朦胧等。因而，不同材质、图案和颜色的布艺带来不同的视觉享受，起到的效果也不尽相同。但是，有一点必须把握好，就是要先定好主色调，主调子定好后，就可以万变不离其宗。否则，在有限的室内空间过分地讲究堆砌会带来视觉上的凌乱感。

我国民间常用扎染、蜡染、刺绣等制成的生活日用品进行室内装饰，以增强室内环境气氛。如贵州的蜡染花布、云南的云锦、广东的潮汕抽纱、苏州的绛丝等。刺绣具有浓郁的民族风格和地方特色，也是环境软装的重要元素，苏绣、湘绣、蜀绣、粤绣是我国闻名于世的四大名绣。

织物软装的类型很多，常用的主要有窗帘、床罩、地毯、靠垫、壁挂等（图209、图210）。

209 蜡染和苏绣

210 主要用布艺装饰的空间

209

210

- **窗帘**

窗户是居室的眼睛，窗帘则是窗户的灵魂。窗帘除调节光线、调控温度、阻隔声音、遮挡灰尘、保护隐私等功能外，还有美化空间的作用。窗帘的不同形式具有不同的美感特征，在室内设计中应根据个人的爱好、房间的功能以及窗帘所处的位置因地制宜地选用。窗帘按安装方式划分主要有以下几种：罗马帘、卷帘、百叶帘、垂直帘等（图 211- 图 214）。

211 罗马帘雍容华贵
212 法国布艺展上的窗帘
213 造型多样的窗帘
214 吊带帘温馨简洁

● 床上用品

床上用品的内容很多，但多以床罩来覆盖，因此床罩对室内视觉的环境影响最大。床罩的功能除保温、防尘之外，还具有装饰的作用。床罩的式样多姿多彩，有棉、麻布料做的朴素型，也有锦缎、丝绸做的豪华型；有边缘简洁平直的现代型，也有加带豪华花边的古典型；有紧合床体的套型，也有松散平铺的盖片型；有用厚重织物的，也有用带网眼的纱类织物的。这些种类形式对室内的色调和软装风格有很大的影响（图 215、图 216）。

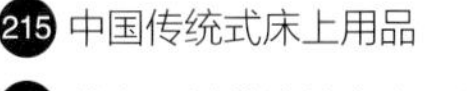
215 中国传统式床上用品

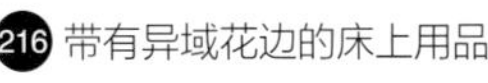
216 带有异域花边的床上用品

215

216

● 地毯

地毯作为室内铺装材料，不仅具有脚感舒适、防止滑跌、减少噪音、吸音隔音等功能作用，而且具有高雅的装饰效果。地毯在现代室内的地面被广泛地运用，具有覆盖面积大、装饰性强的特点。古代的游牧民族常常会在帐篷的地面铺设上大量精美的地毯，其繁复的花纹、柔软的质地、良好的保温性对室内空间的环境、气氛、意境可以起到很好的作用。古代的地毯多为手工编织，所以是身份和尊贵的象征，而随着工业时代的来临，地毯越来越普及，价格高中低档都有，让消费者可以有多种选择。

纯手工编织的地毯现多作为艺术挂毯，在室内也可以起到吸音、保温的作用。还有仿制名画的限量版艺术地毯，作为高档的艺术投资性消费已经被很多消费者接受。

地毯的铺设方式分满铺和局部铺两种，满铺舒适、安全、造价高，但是搬运难；局部铺可与家具组合形成虚拟空间。在厅等公共空间里的地毯图案纹样以周边式构图为主，不宜使用中心式的图案，以免在布置家具时受到约束。局部铺设要注意地毯的固定性，不要太易于移动，影响人的行走（图 217）。

217 精美的地毯

● 靠垫

靠垫也称为抱枕，是座椅、沙发及床具的附属品，它既可以弥补某些家具在使用功能上的不足，增加人们的舒适度，同时靠垫又起着点缀装饰作用。室内摆设的精美靠垫，会使生活情趣盎然，美感倍增。靠垫是由面料、里衬和填充物三部分所组成，靠垫的面料是最需要讲究的，它有混纺布、棉布、丝绒、锦缎、棉麻织物等多种材料可供选择。其中棉麻布因其质地挺括，耐磨性强，受到更多的青睐。当然，为了突出室内软装的特色，抱枕的装饰会有各种各样的点缀（图 218）。

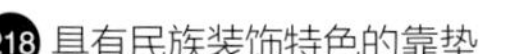
218 具有民族装饰特色的靠垫

219 造型可爱的家电用品

● 壁挂

壁挂是置于墙面上的织物装饰艺术品，在室内装饰中历来受到人们的青睐。它将装饰美和工艺美结合在一起，并富有浓郁的民族情趣和生活气息。

3. 电器用品

改革开放以来，电器用品已逐渐成为人们视觉概念中的重要软装物品。它不仅具有很强的实用性，其外观造型、色彩质地设计也都很精美，具有很好的软装效果。电器用品包括电视机、电冰箱、洗衣机、空调机、音响设备、计算机及厨房电器、卫生淋浴器等。

电器用品在与其他家具软装结合时一定要考虑其尺度关系，造型、风格更要协调一致。如计算机与机桌的配套使用，机桌高度应在普通书桌的基础上去掉计算机的键盘高度才符合人体坐正时台面的操作高度，一般约为 65-68cm。视听设备应考虑到人的视觉、听觉，视距要合适，不宜放在高处，因为人的视线在视平线以下 10° 时感觉最舒适。

电器用品的选配与摆放还要注意艺术性，结合电器本身的造型，会使室内显得更加生动有趣（图 219）。

4. 灯具

灯具是提供室内照明的器具，也是美化室内环境不可或缺的软装品。在缺少自然光线的情况下，人们工作、生活、学习都离不开灯具。其次，灯具用光的不同，可以制造出各种不同的气氛情调，而灯具本身的造型变化更会给室内环境增色不少。在进行室内软装设计时必须把灯具当作整体的一部分来设计。灯具的造型也非常重要，其形、质、光、色都要求与环境协调一致，对重点装饰的地方，更要通过灯光来烘托，凸显其形象。所以说灯有双重的作用：一是用于居室空间的照明；二是用灯的造型装饰周围的环境。没有光和影的运用，室内所有的一切都是沉寂的、孤独的。灯光犹如生命之源，生命由此而鲜活明亮。但过多的光源会带来视觉上的污染，恰到好处地运用光，才能淋漓尽致地表现空间。把形式感通过光与影的巧妙结合以达到极致的完美。灯具大致有吊灯、吸顶灯、隐形槽灯、投射灯、落地灯、台灯、壁灯及一些特种灯具。其中，吊灯、吸顶灯、槽灯属于一般照明方式，落地灯、壁灯、射灯属于局部照明方式，一般室内多采用混合照明方式。

灯的造型可以有机地和整体的室内空间联系起来，达到光、影、造型的“三位一体”。

光源分为冷光源和暖光源，不同的光源在特定的空间反映不同的效果，带来的视觉享受亦不尽相同。用光和影为主题，既可营造一面墙的磅礴气势也可营造一份温馨浪漫，还可以通过点光源成为视觉的中心，并利用光源处理装修中的死角、暗角，从而得到别有韵味的情趣。光源带来的光晕效果，诠释了现代人多元化的生活方式和宽松的生活环境（图 220- 图 224）。

220 酒店大堂的灯饰
221 灯具博览会上的灯饰
222 灯具展厅

220

221

222

223 与现代艺术结合的灯具造型

224 具有指示作用的灯饰

225 书籍在室内空间的装饰

5. 书籍杂志

陈列在书架上的书籍，既有实用价值，又可使空间增添书香气，显示主人的高雅情趣。尤其是在图书馆、写字楼、办公室等一些文化类建筑空间中，书籍杂志是作为主要软装品出现的。书架的设立要符合人体工学的原理，应有不同高度的框格以适应各种尺寸书籍的摆放，并能按书的尺寸随意调整。书籍可按其类型、系列或色彩来分组，有时将一本书或一套书横放也会显得生动有趣。也可同时将古玩、植物及收藏品与书籍穿插陈列，以增强室内的文化品位。

杂志也很适合室内装饰，杂志的封面色彩鲜艳、设计新颖、装帧精美，是生活的调剂，更可以用作室内书架、台面、沙发上的点缀（图 225）。

6. 生活器皿

许多生活器皿如餐具、茶具、酒具、炊具、食品盒、果盘、花瓶、竹藤编制的盛物篮及各地土特产盛具等，都属于实用性软装。生活器皿的制作材料很多，有玻璃、陶瓷、金属、塑料、木材、竹子等，其独特的质地能产生出不同的装饰效果，如玻璃晶莹剔透，陶瓷浑厚大方，瓷器洁净细腻，金属光洁富有现代感，木材、竹子朴实自然，这些生活器皿通常可以陈列在书桌、台面、茶几及开敞式柜架上。它们的造型、色彩和质地具有很强的装饰性，可成套陈列，也可单件陈列，使室内具有浓郁的生活气息（图 226- 图 228）。

226 装饰墙壁的瓷器

227 各种釉面的杯子

228 漂亮的生活器皿

小贴士

清供有两层意思，一指清雅的供品，如松、竹、梅、鲜花、香火和食物；二是指古器物，盆景等供玩赏的东西，如文房清供、书斋清供和案头清供。图 229 是清供图，中国文人画中的一种写意绘画题材，悬挂室内表示文人的清高自赏。

7. 瓜果蔬菜

瓜果蔬菜是大自然赠予我们的天然软装品，其鲜艳的色彩、丰富的造型、天然的质感以及清新的香气，给室内带来大自然的气息。瓜果蔬菜种类繁多，常用作软装品的有苹果、梨子、香蕉、菠萝、柠檬、海棠果、辣椒、西红柿、茄子、萝卜、黄瓜、南瓜、白菜等等，可根据室内环境需要选择陈列。如色彩鲜艳的瓜果蔬菜可使室内产生强烈的对比效果；而一些同类色的蔬菜瓜果能起到统一室内色调的作用。欧式的室内经常会用瓜果蔬菜来作为装饰品，而在东方的室内也常用有香味的蔬果作“清供”之用。

229 清供图中经常会有一些有吉祥意义的瓜果蔬菜

230 笔者设计的软装空间中的文房用具

8. 文体用品

文体用品是指文化体育等用品，也常用作软装品。文具用品在书房中很常见，如笔筒、笔架、文具盒、记事本等；乐器在居住空间中陈列得很多，可使居住空间透出高雅脱俗的感觉；体育器械也可出现在室内软装中，如各种球拍、球类、健身器材等的软装，可使空间环境显出勃勃生机（图 230）。

二、装饰性软装品

装饰性软装品是指本身没有实用性，纯粹作为观赏的软装品，包括装饰品、纪念品、收藏品、观赏动物、盆景花卉等。

1. 装饰品

通常我们把绘画、书法、摄影等称为纯艺术作品，而将陶瓷、雕塑、景泰蓝、唐三彩、漆器或民间扎染、蜡染、布贴、剪纸等称为工艺品，它们都具有很高的观赏价值，能丰富视觉效果，装饰美化室内环境，营造室内环境的文化氛围。装饰品的选择应与室内风格相协调，如传统的中国画、书法，因其特有的画法、画风及意境表达，适合陈列在雅致、清静的空间环境中；西方的油画往往表达深沉凝重的内涵，适合陈列在新古典风格的空间中；而西方现代绘画常常表现出轻松自如的风格，可与现代风格的室内装饰相配（图 231）。

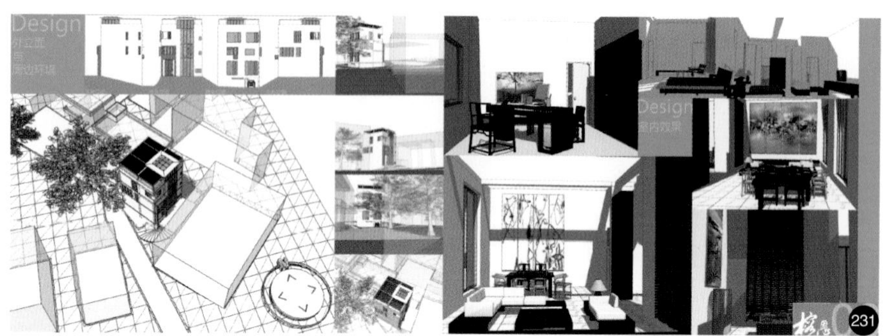

231 有多种画类陈设的室内 陈一帆设计

232 中国画常见的形式 1

- **中国画**

中国画是中国传统的绘画品种，重意不重形。根据空间的大小考虑作品的大小，中国画是按中国的长度单位——尺来区分，如一尺、二尺……应根据墙面的形状考虑作品的形式。如墙面为竖向大面通常选择立轴挂幅，横向大面一般选择横批或数幅立轴并置，小墙面则可选用册面、扇面、镜片。根据室内空间的性质、风格和主人的兴趣、意向确定中国画的内容、形式和风格。中国画的基本形式有立轴、横批、斗方、扇面、镜片、屏条、手卷、册页等，每种形式都有不同的软装特点（图 232、图 233）。

直幅册页型(斗方)

横幅册页型

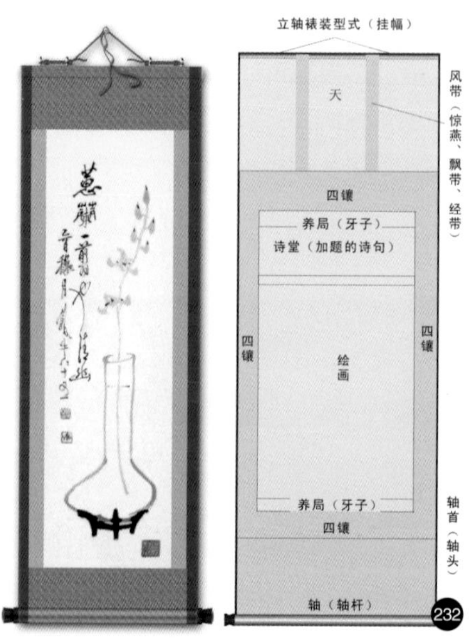

拖尾 | 后隔水 | 书或画 | 前隔水 | 题识 | 贉玉池 | 引首

233

● **其他画种**

画的种类内容丰富、形式多样，主要有：油画、水彩画、漆画、布贴画、烙画、麦秸画、镶嵌画、贝雕画、铁画、羽毛画、云母画、竹帘画、树皮画、鱼骨画等。比如漆画，它以天然大漆为主要材料，具有绘画和工艺的双重属性，生活气息浓郁，装饰性和工艺性都很强。它既是艺术品，又是与人们生活密切相关的实用装饰品，可以做成壁饰、屏风和壁画等公共艺术表现形式，给室内装饰带来了新的选择（图 234、图 235）。

● **画挂置的高度**

西洋画挂置的高度，通常应使挂置后的画幅中心与人站立时的视平线高度一致。但由于墙面大小、画幅大小以及观赏距离的不同，作品挂置的高度可适当调整。譬如高大墙面的大幅作品需要远距离观赏，而当人们远距离观赏绘画作品时总有视线向上注意的习惯，所以这种情况下挂置的高度就应该适当提高。一般来说垂

233 中国画常见的形式 2

234 家具展会上的装饰画

235 笔者创作的漆艺壁画

234

235

直面上的平面展品陈设地带一般由地面 0.8m 开始，高度为 1.7m。高过陈列地带，即 2.5m 以上，通常只布置一些大型的绘画作品。小件或重要的绘画作品，宜布置在视平线上（高 1.4m 左右）。挂镜条一般高度为 4m，挂镜孔高 1.7m，间距 1m。

- **画挂置的数量**

墙面上挂置西洋画作品的数量，可视室内空间的特点、环境气氛的要求以及作品幅面的大小等因素决定。大多数空间的一面墙适宜挂一至两幅作品。层高较高或贯穿空间的墙面则可在垂直方向上叠挂多幅作品。特别宽敞的墙面上可挂置一排作品。有些场所为了营造特定的气氛采取满墙挂置作品，效果也不错。

236 西方家庭中常见的纪念品与收藏品

2. 纪念品

祖先的遗物、亲朋好友的馈赠、获奖证书、奖杯、奖章、婚嫁生日赠送的纪念物及外出旅游带回的纪念品等都属于纪念品，它们既有纪念意义，又能起到装饰作用。有些茶室、酒吧等常把五六十年代的老照片、老画片挂在墙上，使顾客有对往事的追念和亲切感。居住空间中也常常能看到富有纪念意义的奖章、奖杯、结婚纪念物、旅游纪念品等，每一件纪念品都珍藏了一个故事、一段回忆，给人怀旧之感（图 236）。

3. 收藏品

收藏品最能反映一个人的兴趣、爱好和修养，往往成为寄托主人思想的最佳软装，一般在室内都用博古架或壁龛集中陈列。因个人爱好而珍藏、收集的物品都属于收藏品，如古玩、古钱币、民间器物、邮票、参观旅游门票、花鸟标本、火柴盒等。

4. 观赏动物

观赏动物以鸟类和鱼类为主，鸟的羽毛色彩斑斓，鱼的颜色缤纷绚丽，它们既是人类的伴侣，又是富有灵性和美感的绝佳陈设物。鸟的种类繁多，在茶室、酒家等场所豢养的笼中鸟以鹦鹉和金丝雀等最多，鸟儿悦耳的叫声使客人恍如置身大自然的怀抱，带来身心的舒缓；鱼类中常被人工养殖和观赏的有金鱼和热带鱼等，鱼儿游弋的身形给室内环境平添灵动的气氛，带来身心的畅快。

5. 绿化、盆景花卉

在日益喧嚣的都市，现代人越来越崇尚自然元素。自然元素是指绿色植物、水、鲜花、自然光等。自然元素移植到室内，不仅可以净化室内空气，还使室内环境变得生机勃勃，趣味盎然。

现代的室内建筑空间大多是由直线和其他板形构件所组成的几何体，让人感觉生硬冷漠，而植物作为有机的生命体具有特有的曲线、多种的姿态、不同的质感。不同的植物形态、色泽反映不同的植物个性和风格，环境表现的气质也不尽相同。因而，选择不同的植物，在某种意义上，是寄托一种情思、一种期望，通过人与自然的对话，达到情境交融的意境。

绿色装饰从种类上区分主要有盆栽、盆景、插花等，从观赏的角度讲，可以将绿色装饰分为观叶、观花、观果三种。不同的植物装饰能给人不同的美感，观叶植物宁静、娴雅、多姿；观花植物芬芳、艳丽、热烈；观果植物野趣、丰硕、欢快。艺术盆景诗情画意，令人浮想联翩；瓶插植物或清新淡雅，或富丽堂皇，或肃穆端庄，或风姿绰约。所有这些都是提高环境质量，满足人们审美需求的不可缺少的因素。在具体配置时可以在不同的环境中采用孤植、对植以及与各种不同类型的植物搭配的群植。也可以用特定的形式来配置，如：攀缘、下垂、吊挂、镶嵌、壁挂、插花、盆景以及其他综合的形式。

盆景花卉的装饰要注意与装饰风格的协调。中国传统的盆景花卉，重视意境创造、人文思想的传达。欧美国家喜欢将大型的盆栽植物置于室内，喜欢把不同颜色、不同花形的花插成一大丛，看起来既华丽又气派。日本人对插花非常讲究，无论形态、色彩还是构图，都要求能体现意境，表达禅味（图 237- 图 239）。

总之有了软装艺术品的空间仿佛多了一扇门窗，反映了使用者对生活的态度。在室内，每一件软装艺术品，都应该表现某种内在的东西，也就是说不仅仅陈设品的尺寸、造型要合适，还要凸显空间的个性，展现使用人的风格，使我们的生活环境更富有人性的魅力。

237 238 239 充满禅味的艺术插花

237

所以说软装艺术品不仅是一种具有美化功能的装饰元素，更是一种反映精神文化取向的标志，它是主人的情感与智力的体现。如今，人们内心对美好事物的向往，获取、组织、展示美好事物的本能空前地爆发出来。工艺品、民间艺术、工业设计、建筑图、当代艺术家的家具、摄影和建筑设计都属可以收藏和软装展示的范围。所有人都可以根据自己的品位来进行艺术软装活动。随着国内经济的持续高速发展，国内外艺术文化交流日益频繁，人们对公共及私人空间的艺术氛围要求也日益提高，人们的消费理念更加成熟与理性。这些软装品全方位地与室内环境融为一体，难分难解，构建了充满浓郁文化气息和艺术氛围的宜人室内环境，达到“诗意地栖息在大地上”的生存方式。

238

239

课堂思考

1. 了解所在地区软装和软装品的市场情况，搜集软装品的相关资料，按风格或用途分类，建立相应资料库。
2. 对上一章的作业中的材料表做进一步的调查，落实尺寸、材质、价格和后期的维护使用等。

Chapter 7

软装设计方案表达赏析

软装设计的表达是整体设计中非常重要的环节，一般是在充分调查使用者和商业环境的情况下，从各个方面来进行设计表达，使软装现场最终达到设定的意境。大部分软装设计表达的版面，基本上都是从总体设计的各个方面来考虑，没有一定的模式，只要容易表达设计的整体概念即可。

学习目标

通过对实际设计表达案例的分析，深入透彻地了解软装设计的整体程序与各种表现方式，学会用更好的方式去表现自己的设计概念。

学习重点

掌握软装设计的程序和各种表现方式。

一、方案设计表达

1. 设计说明撰写与设计效果描绘

一个项目的设计总体规划出来后，显示设计师实力的就是怎么样去表达了。在软装设计的表达中最先一步的文字描述非常重要，在这里需要有比较好的文字归纳和撰写能力。设计说明通常会从项目的市场分析和灵感切入点导入，进行设计效果的描绘。图 240 设计方案中关于软装设计的说明非常简单明了，直接从风格定位到设计对象、家具风格、主色调等方面讲清楚设计立意，让人一目了然。图 241 是从总体上把要达到的设计氛围进行了描述。

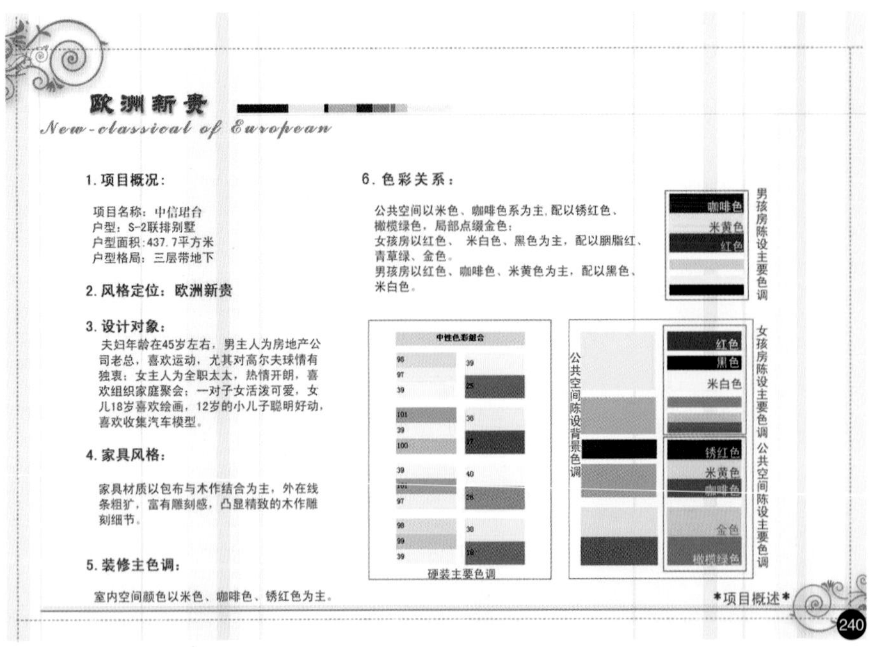

240 设计方案说明

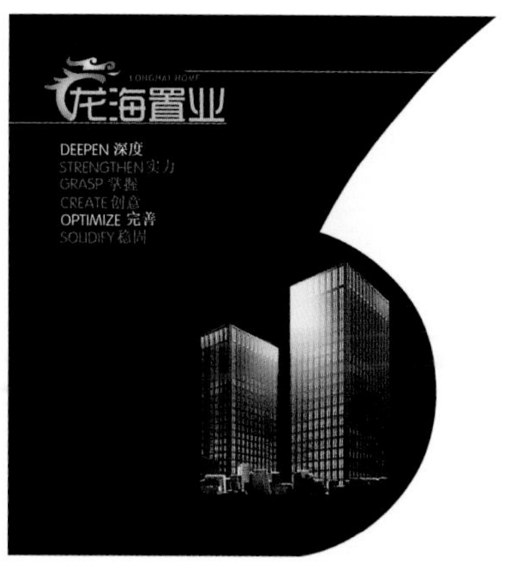

方案的设计理念是创造一个充满活力和朝气的办公室空间，让员工感受到归属感和荣誉感，并能充分 体现企业独有的文化气息。

本方案体现的是一种简洁明快的设计理念，通过块面组合与明快的线条所形成的轻松空间形态，强化了一个现代、活力的企业形象的空间，设计手法延续了标准层空间的设计元素和材料，使公共环境和各功能环境相统一和谐过渡。明快的线条和块面的节奏沿着整体立面发展，并伴随于空间性质和边缘活动，天花的设计和照明的规划，赋予整个场所一个高效率、现代和充满活力的空间形象。

米黄调的抛光砖与冷调的玻璃间隔等材料形成对比，使公共空间呈现一副整齐而冷峻的外表，办公室各功能空间在色彩和材料上有着不同的变化，在米黄色的调子基础上，采用了深色的木饰面材料，使立面具有活跃的装饰效果。同时注重材质温暖舒适的触感，营造庄重与优雅的空间气质。

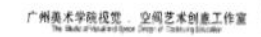

2. 绘制平面图

软装设计平面图的绘制也是整体方案表达的一个重要步骤，特别是大型的空间。在各个空间的节点怎么布置和装饰，很多公司在绘制平面示意图时可以特别显示出来。图 242 是广东省陈设艺术协会举办的戛迪杯设计比赛的金奖作品，广东财经大学杜肇铭老师指导的作品《西溪听芦》就直接使用平面图和立面图与文字说明相结合的手法来表达设计。图 243 是林超常设计的海韵华府样板房平面图，他用简单的色块分开各个功能区域，基本的软装饰品都被表现出来了。初学者在绘制软装平面设计图时主要要把握尺度，特别是家具的常规尺寸和大件软装饰品在空间里的体量感觉，多丈量多感受具体的尺度才能在空间中布局好软装。

241 龙海办公设计说明　潘力设计

242《西溪听芦》

243 海韵华府　林超常设计

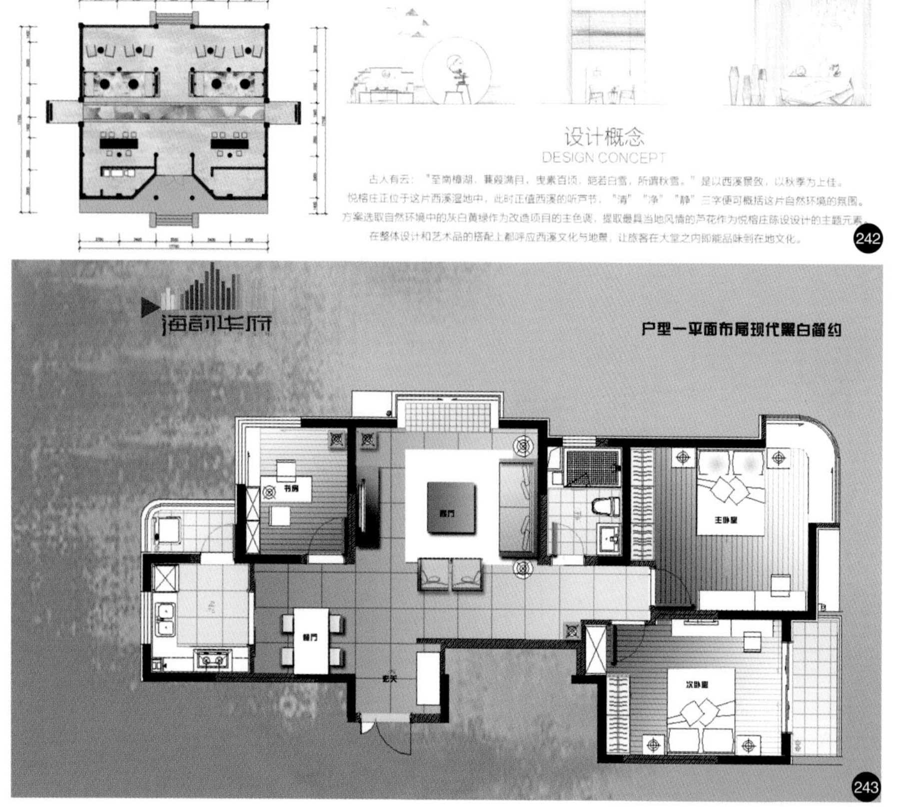

在软装设计中人流动向也可以在平面图中标示出来，特别是大型的公共空间，一般的人流方向、入口、导向、出口等都要控制得合理得当，这也要求我们在软装设计中对消防设计要有所注意。

3. 组织排版

软装设计的排版一般包括以下几个重要的内容：

（1）项目名称、楼盘的地址或房子的户型等，有时也可以是这个设计项目的主题，比如图 244 的设计说明主题名称：户型一是现代简约，斗牛之歌；户型二是北欧现代等等。这个部分也经常会在版面中当作页眉或页尾来设计。

（2）设计公司的名称和 LOGO，这一部分经常在方案的最后一部分出现，或者和不熟悉的甲方合作先要介绍公司时重点介绍。

（3）版面的规划：每一个设计项目不同，相应的设计主题一定会有不同的表现方式，比如比较活泼的现代办公设计版面可以自由奔放一些；比较严谨的古典欧式室内我们的设计版面也会比较紧凑严肃。采用不同的设计版面都是为了服务于不同的设计主题风格，还要把设计和版面完美结合起来。

（4）主要设计区的布置：这个区域要放置的东西比较多，同一个方案设计最好有自己设计的统一性，比如版面的右手边放软装饰品的主要摆放形式，左边放其在平面图的位置等等。每个方案的设计方式都可以有不同的表现形式。通常主设计区的摆放以家具为主，搭配地毯、灯饰、窗帘、花艺等一起展示，可以模仿空间的透视效果来摆放，那样更有效果，如图 245。一个页面如果不够可以再细分装饰的细节来延续表达。

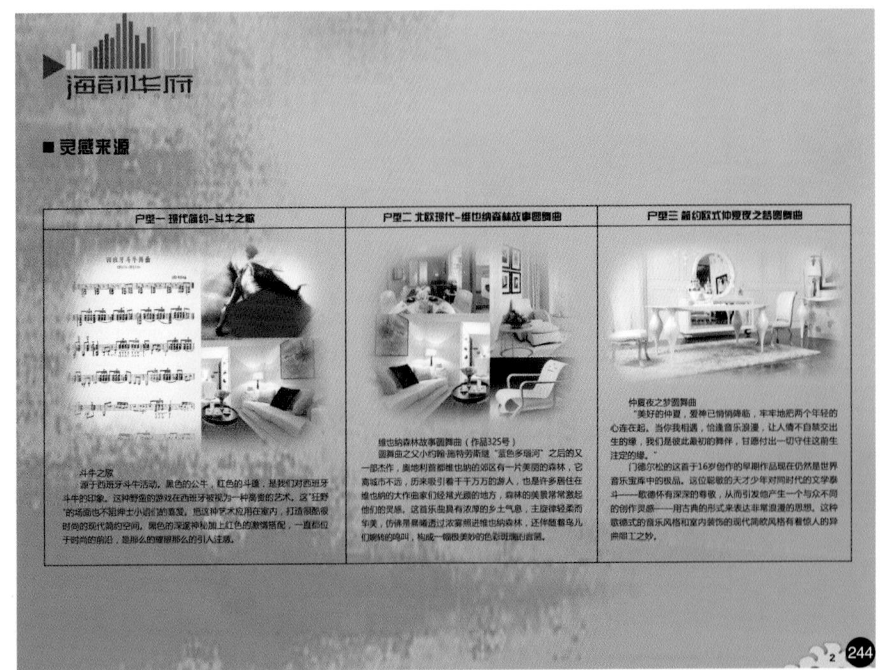

244 海韵华府设计说明主题名称

245 模仿空间透视的方式摆放软装饰品

（5）摆放位置的索引：在软装饰品摆放时好像索引符号一样地摆放出来，更加方便直观地知道该饰品在空间中的位置，如图 246、图 247。

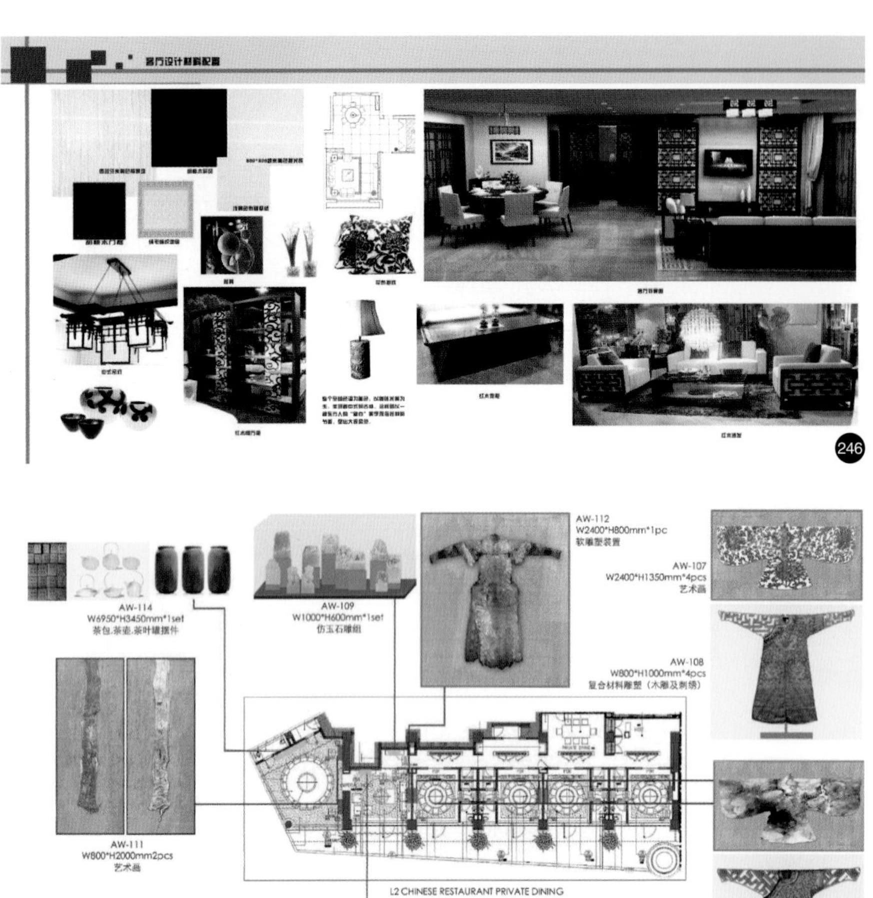

246 中式客厅的软装设计　林振雄、林超常设计

247 酒店大堂的软装设计，索引式的指示 梁康炎设计

软装设计的排版细节非常重要，设计好方案的内容不仅仅是在设计内容上，还体现在排版的各个部分：比如字体和字距的大小，行距、文字和图片的排列规律等等，图片的选择，颜色的调配，对整个设计方案的排版细节把握得好才可以出来赏心悦目的效果。一个软装设计师的设计能力怎么样，从这些小的细节就可以体现出来，只有排版清晰明了、印刷精美、细节耐人寻味的设计才是打动甲方的好设计。

4. 学生作业案例

以下是笔者在广州美术学院城市学院指导学生们完成的作品，这些作品用多种形式探讨了各种空间软装表现的可能性，笔者非常享受“教学相长”的时光和同学们一起感悟设计的魅力。

● 华艺堂中式会所设计 戴绍良设计（图 248、图 249）

设计理念
DESIGN CONCEPT

领略别样中式风情
感受传统文艺的熏染
使用传统建筑的造型和陈设元素
抽象并运用中国传统建筑常用颜色
使用中国传统建筑的木、青砖、青石、瓦

中式文化与现代文化的融合
THE FUSION OF CHINESE CULTURE AND MODERN CULTURE

中国古典艺术的自然美学观重视人与自然的和谐相生，追求质朴、亲和的艺术境界。这与中国古人“天人合一”的哲学观念紧密相关。

随着现代社会物质生活水平的日益提高，人们对文化精神的追求也日趋高涨。尤其是现代室内设计在经历了全盘西化的效仿和学习后，开始探寻中国传统文化在价值判断上的合理定位。这无疑为古典文化的精神回归提供了有利的人文环境。同时，社会的发展也带来了文化的开放。人们在审美标准上不再拘泥于风格，慢慢呈现出了多元化和个性化的趋势。中西合璧、古今混搭，家具陈设的丰富性和多样性为古典家具在现代室内设计中的运用创造了自由的社会舞台。

248

现代中式风格
MODERN CHINESE STYLE

融入中国传统风格文化于现代时尚之中，既有中式的古色古香，又有现代的简单自然。东方韵味在现代的背景下若隐若现，简约的中式摆式和造型逐渐由形式转变为舒适、实用，为现代人的生活设计逐逐地添了一份古典的韵味。

自然材质降低年龄感
REDUCE AGE FOR NATURAL MATERIAL

实木让人感觉亲切，它也是中式空间里使用最多的材料。

与其相近的木色系可以运用在墙壁、地面、边桌和茶几上，材料可使用桑拿板、实木或强化地板，家具则有藤、木、竹等多种选择。但一定要注意不要满室皆是木，这样会太刻板，让人透不过气，可以选择简洁的白色与其搭配，干净的颜色让人备感清爽。

公共空间平面图
PUBLIC SPACE THE FLOOR PLAN

北京四合院中式休闲会所
公共空间分为
走廊/大堂/书吧
大堂空间分为
休息区/大堂吧/前台

主入口软装方案
MAIN ENTRANCE SOFT OUTFIT

主入口软装主要运用：
新中式台灯/屏风 /水墨背景 /石柱 /中式桌子

- 爱马仕主题的样板房 余秋霞设计（图 250、图 251）

250

STUDY ROOM
书房
MARCH 23, 2016

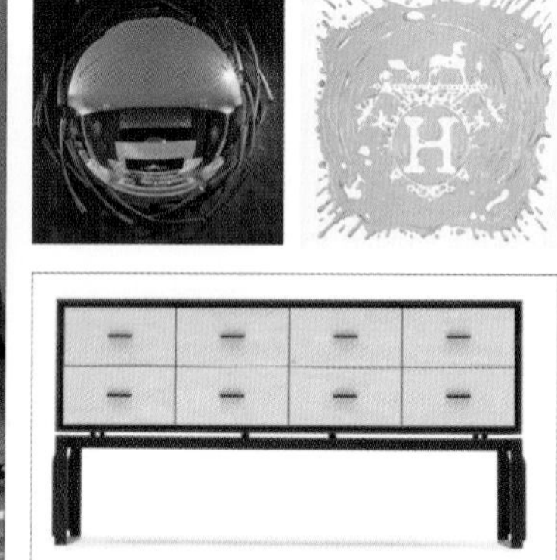
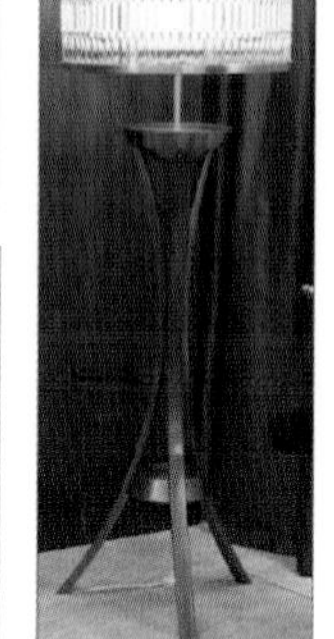

DINING ROOM
餐厅
MARCH 23, 2016

Freehand

BALCONY
生活阳台
MARCH 23, 2016

● 家主题设计 伦泉楷设计（图 252、图 253）

+家
软装方案

设计说明

本案空间使用人物定位为时尚摄影师，主色调以黑色、白色、灰色为主，小男孩已经5岁，房具具有独立的居住功能，客房考虑到长辈偶尔过来居住，利用墙面的空间尺度设计生活所需的收纳空间和梳妆空间。空间色调采用明亮黄色做辅助色衬托年轻时尚的现代个性空间，家具以米灰烤漆为主，造型以简洁明快的线条为主要基调，注重细节处理，既体现实用性也体现现代社会追求的精致和时尚个性主题。软装搭配色彩明亮、视觉效果冲击力较强的摄影类挂画、时尚个性特别有趣的生活用品、摄影器材等相关设备。

信息

男主人	PP	女主人	YY	男孩	JJ
年龄	33岁	年龄	30岁	年龄	5岁
职业	摄影师	职业	服装设计师	性格	活泼、好动
性格	沉稳、沟通能力强	性格	开朗	喜欢的颜色	黄色、蓝色
喜欢的颜色	黑色、白色	喜欢的颜色	白色、蓝色	爱好	智力开发
爱好	拍摄	爱好	摄影		

平面图

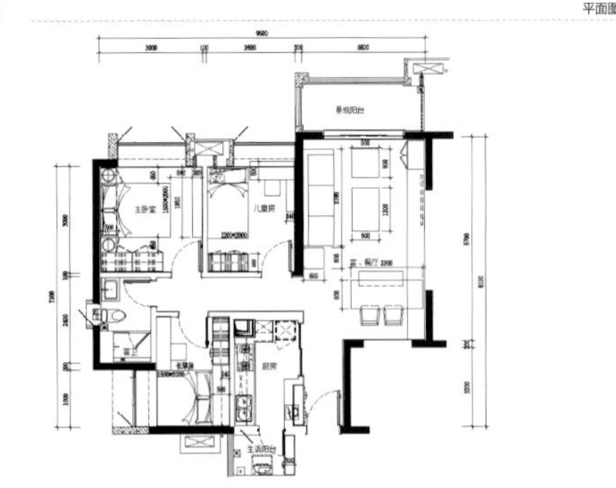

F-故事

PP 和 YY 是在拍摄行业中外出拍摄时认识的，两人相识5年，男孩JJ今年5岁。喜爱的可以尽情展示，不喜爱的也可以不用考虑他人的目光。

PP 曾在摄影棚的工作室担任摄影师，YY 的照片与人生姿态带来回味无穷的启示，每张照片都充分显示了艺术与生活融合一体的境界，强化光影的神秘效果。而YY 设计的服装是PP拍摄的，一系列有特色的和一些精心挑选的配件搭配而成的照片引起了YY 的兴趣。

今天PP和YY邀请朋友们一起分享他们的作品。

客厅

客厅和餐厅共用空间，可以模糊客厅和餐厅的功能界限，在电脑日渐成为生活的组成部分后，餐厅也成了一个办公区域，两个人，一个在客厅看电视，一个在餐桌上看电脑或工作，既可以各不干扰，又可以加强两个的亲密感。

餐厅

餐厅的背景墙不仅能够展示主人的兴趣爱好，还可以做一些挂画的装饰。最有特色的是，餐边柜的一块装饰面板，它与餐边柜和天花的小导轨合一，做成一块不仅可以做吊柜的门板，也可以做展示面板，体现了主人的生活情趣，让整个空间增添了一个亮点。

餐厅的背景墙不仅能够展示

主卧室

衣柜和地柜合一，连带简单的梳妆台层板，地柜扮演床头柜的角色，可以摆放一些拍摄作品，书籍，或者小台灯；虽然衣柜的收纳功能不大，但是可以用到地柜的收纳功能来摆放物品。小小的电视层板，弧形的变化装饰，空间虽小，但是能把遥控器或者其他细小的生活用品放置在上面。空间虽小，却能体现一个多功能化的空间，小故事从这里萌发。

儿童房

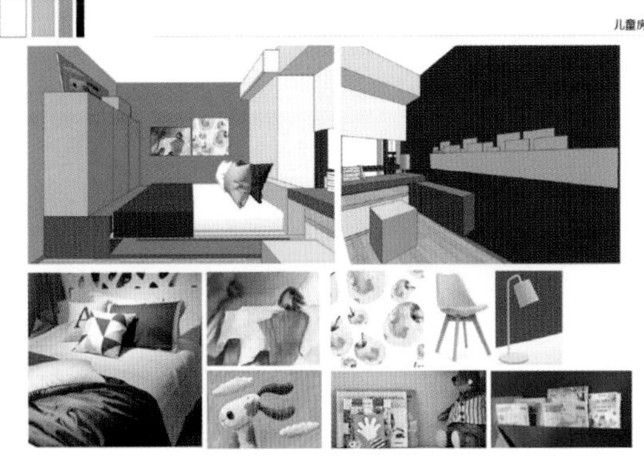

小小的空间蕴藏着无数的故事，童年的记忆在这里悄悄萌发，空间虽小，但是很温馨，具有强大的收纳功能和展示功能，能够给孩子带来无穷乐趣。

252

次卧

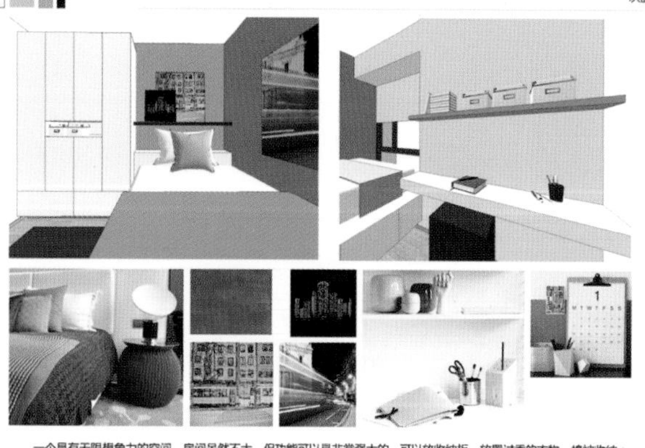

一个具有无限想象力的空间，房间虽然不大，但功能可以是非常强大的。可以放收纳柜，放置过季的衣物、棉被收纳；也可以放兴趣展示和各类拍摄作品。具有收纳功能的双人床，不同的物品可以放置不同的地柜内。如果有朋友来访或父母短期来住，这个小空间就可以解决了。平时这个空间在大幅的墙面可以挂一些主人到处拍照的相片，体现主人的生活情趣。

阳台

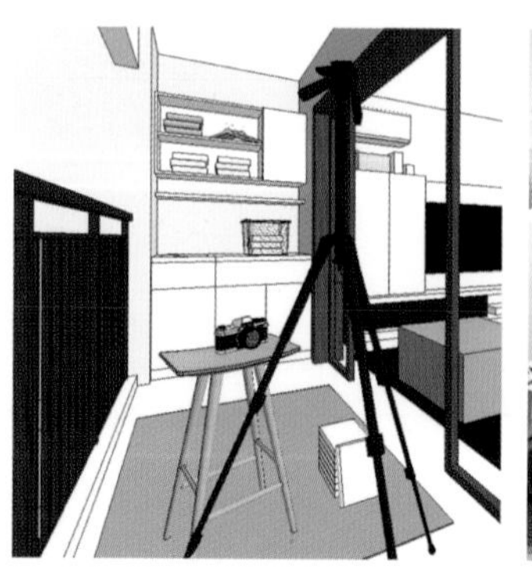

厨房、卫生间

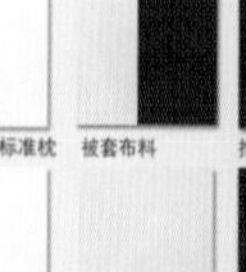

材料板

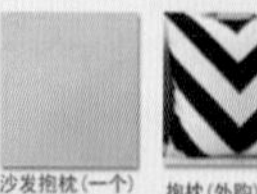

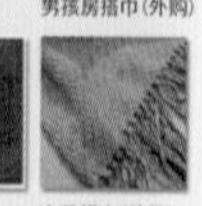

纽扣灰 1360-4

浅灰 1310-4

男孩房 床笠布料+标准枕 被套布料 抱枕(一个) 抱枕(外购两个) 次卧 床笠布料+标准枕(两个) 被套枕布料+抱枕(两个) 抱枕(外购)

主卧 床笠布料 被套布料 标准枕布料(两个) 抱枕布料(两个) 抱枕布料(一个) 搭巾(外购) 地毯 坐墩布料 男孩房搭巾(外购)

沙发布料+抱枕布料(两个) 窗帘布料+抱枕布料(两个) 抱枕布料(一个) 沙发抱枕(一个) 次卧床品抱枕(一个) 抱枕(外购) 地毯 次卧搭巾(外购)

深灰 1340-2

米色 3820-3

浅灰色烤漆Dulux 30YY 68/024

深灰色烤漆Dulux 00NN 25/000

黄色烤漆Dulux 70YY 64/903

● 高端私人会所设计 陈彩红设计（图 254- 图 256）

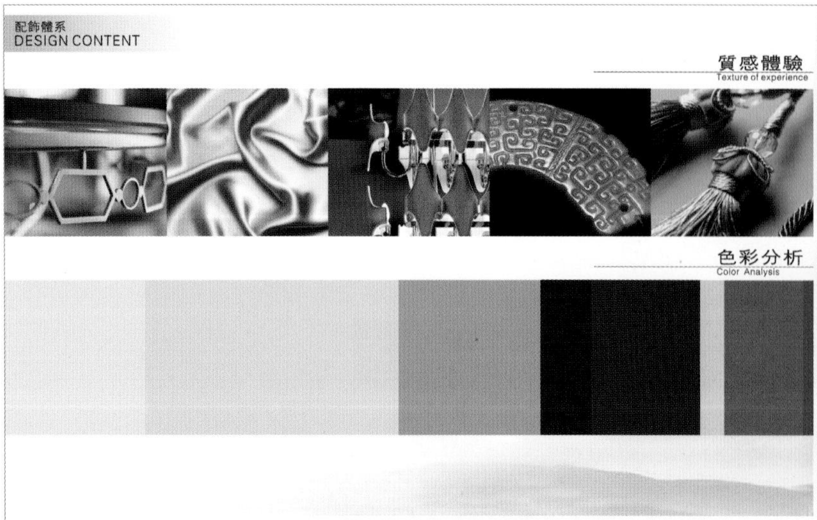

配飾體系
DESIGN CONTENT
質感體驗
Texture of experience
色彩分析
Color Analysis

大气彰显
Fendi之后……
首層客廳配飾圖

用品牌打造国际顶级奢华别墅
奢华·贵气

与亲友进餐从来是一件乐事
致趣

首層泳池效果圖
255

假期常伴左右
度假·尊享

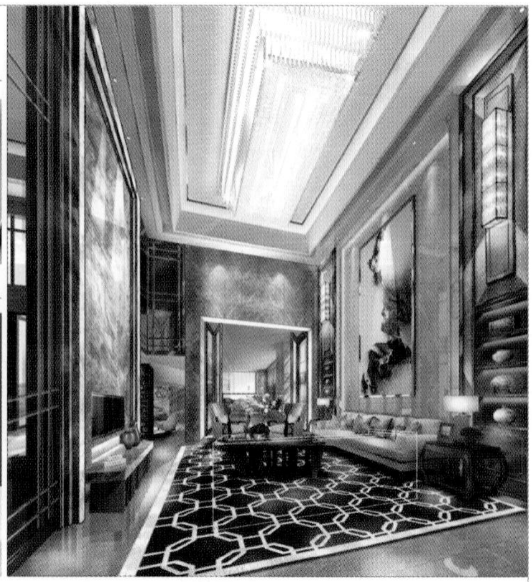

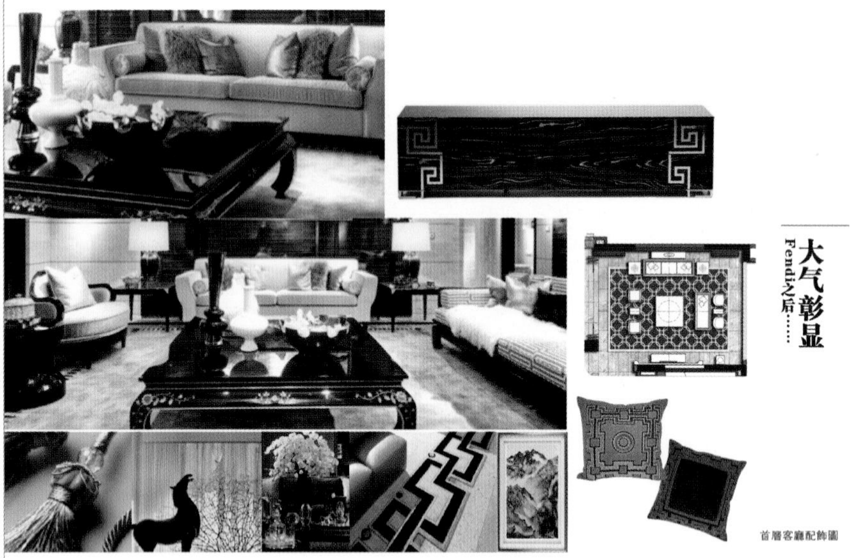

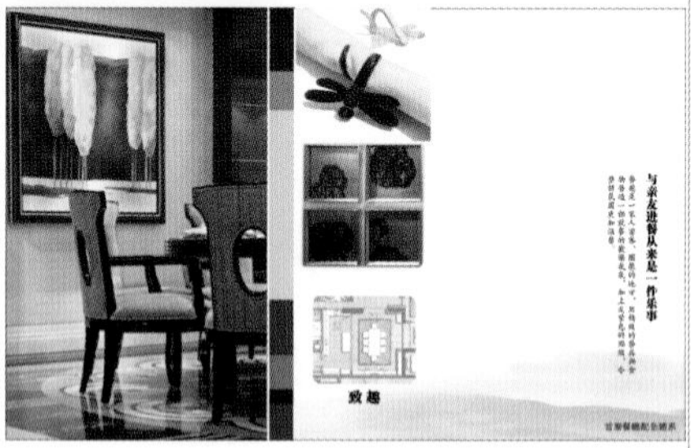

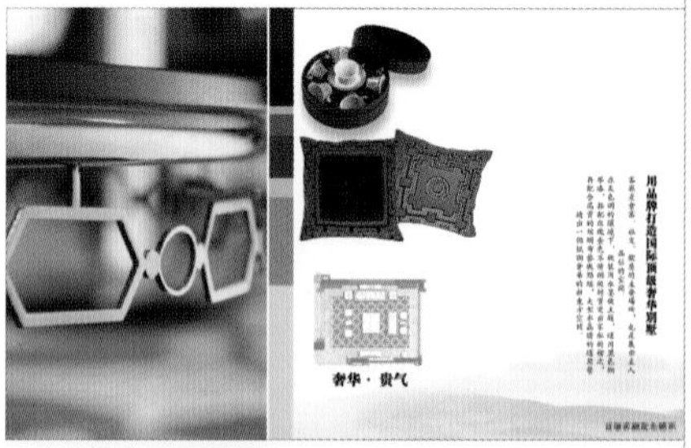

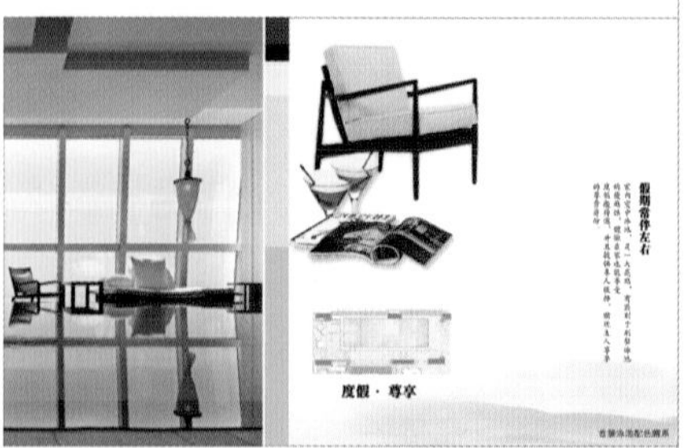

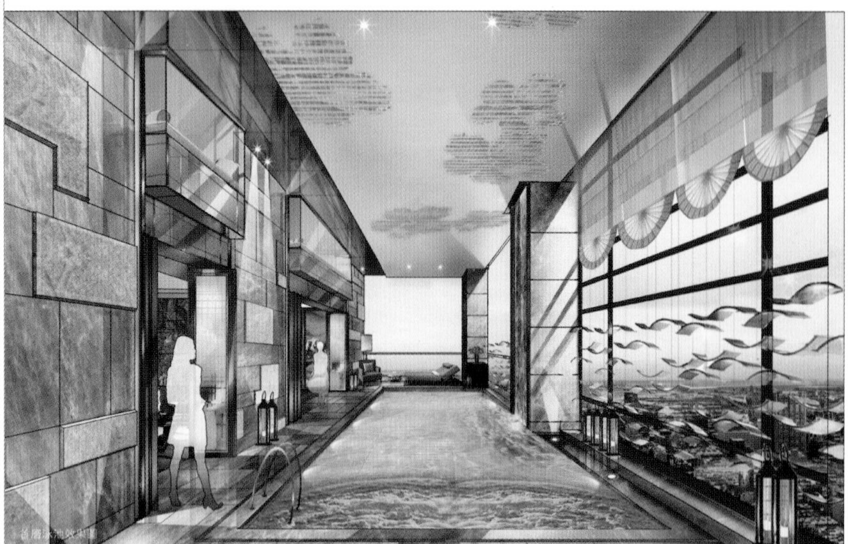

首層SPA區效果圖

首層SPA區配色體系

首層客房配飾圖

二、优秀案例参考

1. 美的地产高明样板房 007 方案

● 广东顺德珀丽设计有限公司设计（图 257- 图 259）

概念方案

SKY FALL

007

Chapter4-新古典篇

美的地产高明--东区15#301样板房 --目录

目录

1、设计灵感和主人定位
2、色彩材质
3、客厅
4、餐厅
5、主人房
6、小孩房
7、厨房
8、卫生间
9、阳台

平面图 项目面积：106㎡

珀丽设计 PROFESSIONAL LUXURIOUS PL CREATED

007系列谍战电影是英国的经典之作，雾色蒙蒙的伦敦街头，冷峻的黑 衣特工与美丽的金发女郎，硬汉的笔挺西装，女士的绸缎晚装，夜宴、枪战、绅士的儒雅，女郎的曼妙……永恒经典，英伦绅士风范的模版之作。

家庭成员	职业	年龄	特质爱好
男主人	80后新晋导演	38岁	喜爱英伦绅士文化中的高雅稳重，对悬疑、神秘的谍战电影有浓厚的兴趣
女主人	公关经理	37岁	烈焰红唇、作风干净利落的职场女性，业余爱好是阅读
男孩	学生	9岁	在外语学校念书，深受西方文化影响，富有冒险探索精神

色彩分析：黑色、金色、白色、灰色浓重低调的黑色与璀灿奢华的金色形成强烈的对比，黑色越加神秘莫测，金色越加华贵高雅，白色与灰色则是提高空间所不可缺少的协调色。

材质分析：浓重的金色、皮革、水晶玻璃、丝绸

金属的沉重冷冽与丝绸的轻盈柔软，在质感、重量与触感上形成了丰富的对比，再加以皮革的柔韧与野性魅力，为整个居室营造出一种如同老牌特工电影一般经典流行的吸引力。

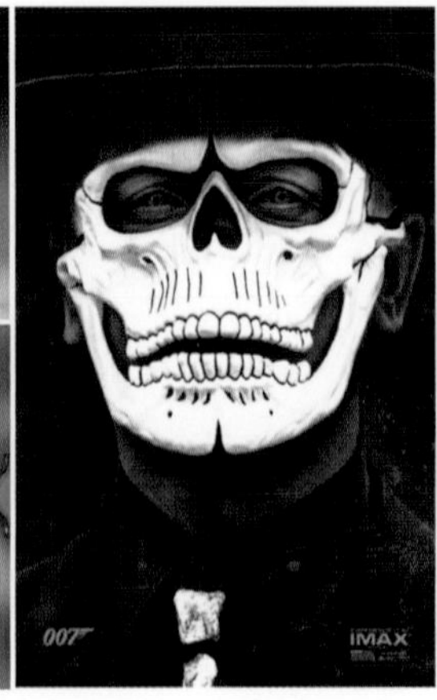

257

SKYFALL

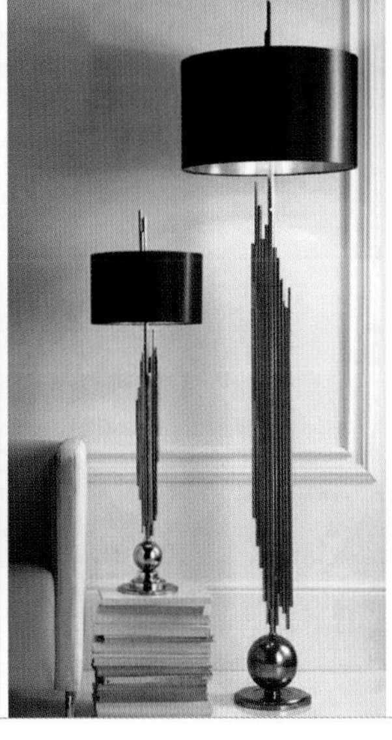

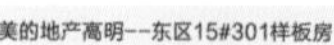

--阳台

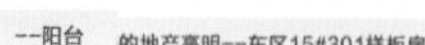

2. 三亚齐瓦颂

● 广州励生设计有限公司设计案例（图 260、图 261）

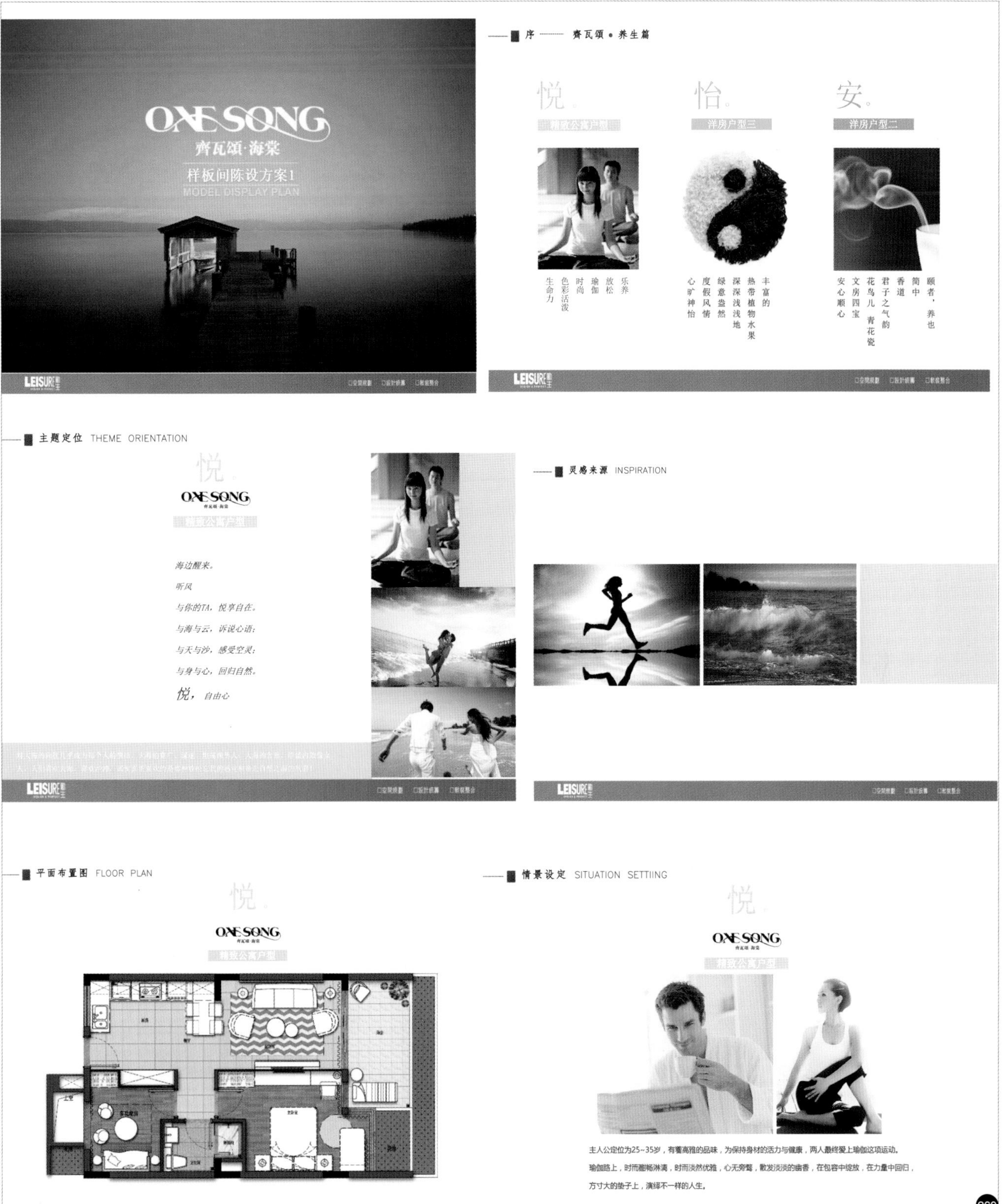

260

多功能房 MULTI- FUNC TION ROOM

ONESONG

精致公寓户型

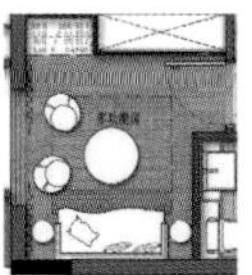

藉由让多功能室也能作为客房休闲栖息小屋，躺上懒人沙发，伸个懒腰往上一靠，令你坐得舒适以及分外慵懒，享受午后时光。

起居厅 LIVING ROOM

ONESONG

精致公寓户型

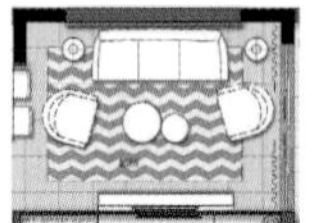

意大利，法国南部成片的向日葵、在一片金黄、蓝紫的彩色花卉与深绿色树叶相映下，呈现出丰富颜色组合 因此，在家饰、织品上，很容易看到自然色彩的反映。

主 卧 THE MASTER BEDROOM

ONESONG

精致公寓户型

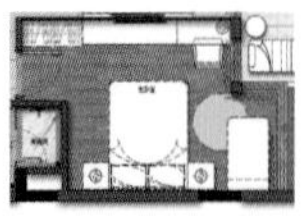

蓝色和白色的搭配，透出优雅的氛围。白色作为基色，蓝色作为点缀之色，若隐若现的情愫透露其中，有一个给人想抓但是抓不到的无力之感，但是却深深的陷入其中。

3. 广州俊文雅苑

CI 品尚主义——寻梦之家

软装设计的重点就是放大业主生活追求、兴趣爱好、社会价值，彰显其社会身份，直至重塑其生活秩序、提升其生命质量。我们假设男主人喜欢车，每一个爱好 JEEP 的男人骨子里都有着一种勇于冒险的激情和迎接挑战的魅力。设想下，开着吉普车驰骋在一望无际的高原上，天高海阔，自由地呼唤着不羁的心奔向新的旅程。

自然 、人类、活力、生气 、环保。

色彩关系：以白、灰色作为基色，与充满生气的橄榄绿搭配。

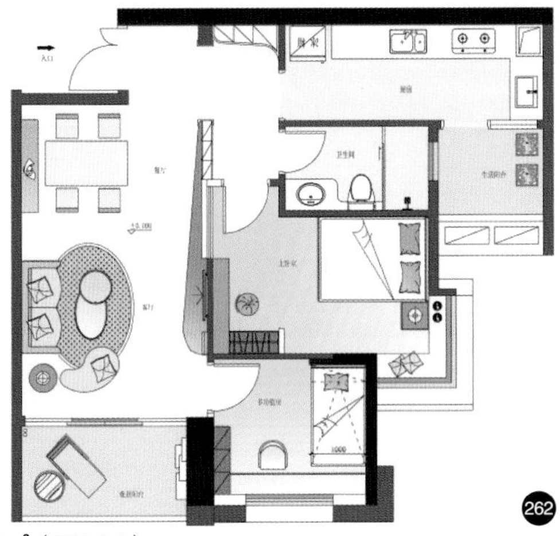

262

项目面积：66㎡（图262）。

项目地点：广州文明路。设计师：乔国玲，叶谢琴。

冷暖色调的搭配，有肃静有优雅，还有活泼。加上抽象的油画，空间多了份艺术气息（图 263）。

263

洁白的花朵，鹿角烛台，斑马纹的餐碟，时尚与自然相融（图 264）。

264

深灰色块在灰白底中衬托出更多的色调和光泽，形成视觉冲击，明亮多彩的色调和棉麻、金属等材料强调了现代新的华丽感。

光线、色调、质感和形态能给家具提供舒适效果，再配以摆设以及生活点滴，构成自在的生活空间（图 265）。

265

线条的对称，吉普车的狂野与粗麻的床品布料营造出一种既别致新颖又大方美观的室内空间风格（图 266）。

266

指南针式的时钟为空间添加一种方向与生机（图 267）。

267

咖啡杯具的摆设与现代都市快节奏带来浓郁的生活气息（图 268）。

墙上的挂画与插花的色彩，单纯而富有自然气息（图 269）。

268

269

4. 广州财富天地广场（图 270- 图 272）乔国玲、叶谢琴、林超常设计

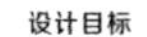

设计目标

随着人们生活水平及文化素质的不断提高，消费观念逐步向现代消费观念转变，人们对商场的概念已不仅满足于购物这单一行为，而是渴望通过轻松休闲的活动以及优雅清晰的环境来放松及调适自身的精神及情绪，既实现购物的物质需求，也能实现精神文化的享受。而美陈设计最主要的价值是就以目标顾客为中心，创造出良好的环境氛围，给顾客以良好的体验为根本目的。因此本案以环境和装饰艺术为主体，结合本项目的建筑、运营、营销策划共同促销，使其成为一个整体，集中造势，展现品牌的活力，强化品牌的亲和力。

设计理念

我们分析三宅一生的设计思想为启示.他代表着一种未来新方向的崭新设计风格，他的时装极具创造力，集质朴、基本、现代于一体；全是充满梦幻色彩的创举，喜欢用大色块的拼接面料来改变造型效果，格外加强了作为穿着者个人的整体性，使他的设计醒目而与众不同。本案中庭设计运用其布艺在半空中飞跃、旋转姿态，使美陈展现出不同的风貌，体现其时尚、艺术性与主题性；

灵感来源

三宅一生的作品永远都能表现出蓬勃、活力、动感与色彩的完美结合，风格现代却又蕴为经典；他的一生褶每每带来耳目一新的创新设计，舞蹈的律动更使美陈展现出不同的风貌，激发轻松热情洋溢的视觉表现。

元素演变

从三宅一生作品中提取其飞跃\旋转的元素.经过转化变形得到一种新的旋转形态。

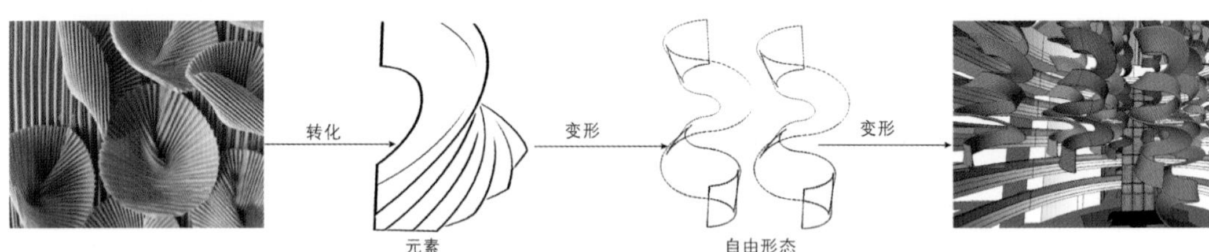

设计色彩

为了改善视觉效果和视觉距离，运用了颜色变化来区分实现，空间陈设色彩是以红黄颜色为主调，色彩上运用赤橙黄绿青蓝紫，希望在视觉上给大家一个醒目的感召力和艺术感染力；色彩以及与时尚产业的联系上力求能有令人眼前一亮的效果；四个中庭的设计结合原有室内的色彩，我们做了红黄蓝绿主要四种颜色.

270

272

5. 戛迪杯金奖作品欣赏

● 广州魅无界装饰设计有限公司设计案例（图 273）

273

● 五加二设计（柏舍励创专属机构）设计案例（图 274）

本案的设计师用稳重而带有中性特质的灰色作为整体空间色彩的打底色，用诗人的思维考量着每一个布局和角落。在空间设计上，本着“通”的原则，将客厅、餐厅、厨房融合为一个公共空间，让各区域可以彼此互跨交融。在材料的运用上，大量使用石材和木饰面，保留自然原始性与生态性。搭配具有动态时尚感的黑色亚克力，又将视觉拉入现代设计的美感之中。配以围绕“秋色”主题的家装，让整体空间既符合生活空间的诉求，又让人感受到现在都市中所难感受到花园景色。

上城一为简练、理性、对工作热情而执着的人群而设的空间定位。空间之间穿透性较强，格局可使使用者在生活起居于在家工作两者之间灵活选择。材质以玻璃、镜面、不锈钢与石材为主，布面家具、羊毛地毯的搭配中和了硬朗的线条。

金奖作品

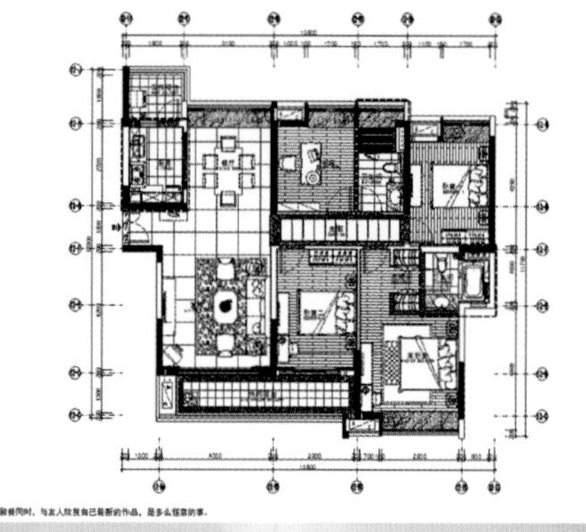

● TCDI 创思国际建筑师事务所设计案例（图 275）

课堂思考

1. 参考这些案例完善自己的设计表现。
2. 学习撰写优美的设计说明文字，用各种方式锻炼自己的排版表达能力。

后记

今天，建筑的室内空间已经从一开始人们最基本的遮风避雨、御寒防暑的简单居所，发展成为能够满足人的物质与精神需求的综合空间形态。室内软装设计作为室内设计的必需，也是我们设计师要研究和了解的一门课程。

本书针对现有的消费者对环境生活品质的追求，对环境要求的提高，从室内软装设计的基本理论和基本方法入手，结合工程实例和最新案例，着重对室内软装艺术的基本概念、软装艺术的策略方法、设计的美学原则、常见室内软装、艺术品的摆设等作出论述。作者具有丰富的室内软装和家具设计经验，所以在编著过程中对室内软装设计的风格和设计策略思路作了深入的讲解和对优秀案例进行了分析，以满足读者的需求。

希望通过这本书能让更多的设计师们注意和重视这个行业，为我们装点更加优美的生活环境，使我们拥有更加健康而有意义的生活!

致谢

衷心感谢广州美术学院吴卫光、冯乔两位老师，有了他们的支持和教诲才使我信心百倍地写下去!

在撰写教材期间，承蒙王晖、陈天勋、袁莉、方若非等老师和设计师以及广州大学纺织服装学院、广东顺德珀丽设计有限公司、广州魅无界装饰设计有限公司和广东省陈设艺术协会胡小梅的支持，不胜感激。还有这几年我带的软装设计课的同学们也使我更加享受到“教学相长”的乐趣，谢谢你们！最后感谢林超常、林小凤等怡兰工作室的同学们在我身边给予鼎力帮助，才使此教程的编著得以顺利完成。

本书得到上海人民美术出版社的大力支持，在此表示诚挚的感谢!

《室内软装设计》课程教学安排建议

课程名称：室内软装设计

总学时：80 学时

适用专业：室内设计、环境艺术设计、展示设计、装饰艺术设计

一、课程性质、目的和培养目标

本课程是室内设计的一门重要的基础专业课，具有内容丰富、实践性强等特点，通过研究室内软装艺术设计的特点、性质、策略、软装饰品元素，引导学生了解和掌握室内软装艺术设计的规律和表现方法，培养学生正确地应用和设计室内的软装陈设细节，达到学习应用室内软装设计的目的。

二、课程内容和建议学时分配

“室内软装设计”作为一门设计课程，一般的课程设置都为 80 课时，授课时间为 6-8 周。教师每周 3-4 天授课，其余留给学生做作业，具有“知识量大，授课时间短”的特点。

本教材紧密结合当前陈设设计的教学，以 12 课时的授课内容展开为七章节，操作性强。在第一章节，通过对室内软装设计理论基础的概念功用、市场需求等的分析，培养学生了解基本的室内软装设计的基本理念；第二章节为软装设计的基本美学和色彩原则的分析，是对软装设计中出现的色彩问题的阐述和实际应用案例的分析；第三章具体讲述室内软装设计各个功能空间的功用分布，同时还讲述了在具体操作时的注意事项；第四章针对市场的需求对整个软装艺术的设计流程做了详细的介绍，通过设计思维的方式分析了设计作品；第五章是设计方案的深化，对软装设计方案的各个细节进行深入的了解，引导学生的设计表现；第六章介绍了常见的软装饰品，通过对各类软装饰品的介绍达到引导学生可以正确应用的目的；第七章为软装设计方案表达赏析。

单元	课题内容	课时分配		
		讲课	作业	小计
1	软装设计理论基础	12	2	14
2	软装设计的基本美学与色彩原则	12	4	16
3	软装空间设计策略	8	4	12
4	软装设计的程序	8	4	12
5	设计方案的深化	4	4	8
6	室内软装品	4	4	8
7	软装设计方案表达赏析	4	6	10
	合　计	52	28	80

三、教学大纲说明

“室内软装设计”作为一门设计与实践课程，在具体教学中，教师讲解完理论与案例示范后，让同学们以小组的形式进行设计探讨、沟通、表达以及动手实操，进入设计环节。

四、考核方式

室内软装设计课程中通常会布置几项作业，以第五章的大作业作为最后的考试作业，该课程的总评成绩由调研报告和软装设计综合而成。

调研报告分值：40 分

软装设计分值：60 分

调研报告评分标准：背景资料搜集（占 15%）；文章立论点（占 15%）；论述组织（占 35%）；归纳与结论（占 25%）；课堂陈述（占 10%）

具体设计评分标准：选题分析 / 设计说明（占 10%）；设计概念（占 15%）；平面功能（占 25%）；空间效果（占 25%）；整体完成度（占 15%）；版面效果（占 10%）